催化裂化油浆
静电脱固技术

李　强　许伟伟◎著

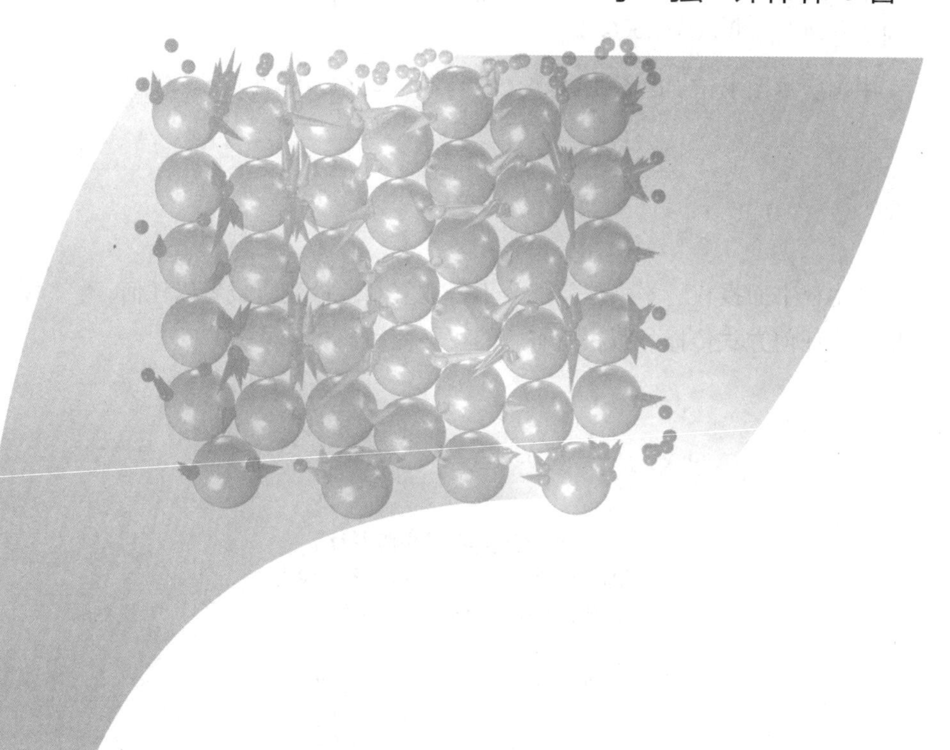

中国石化出版社

内容提要

本书针对催化裂化油浆的高值化利用需求，系统地论述了催化裂化油浆静电脱固方法的介电泳原理、颗粒在电场中的受力、冷模及热模实验设计方法、静电脱固仿真计算以及静电脱固模型，深入总结了作者及其团队在催化裂化油浆静电脱固方面的成果与创新。

本书既可作为高等院校石油、化工、机械、环境类专业本科生与研究生的教学用书，也可供从事催化裂化等工业过程的管理人员和技术人员参考。

图书在版编目(CIP)数据

催化裂化油浆静电脱固技术/李强，许伟伟著．—北京：中国石化出版社，2022.12

ISBN 978-7-5114-6949-6

Ⅰ.①催… Ⅱ.①李… ②许… Ⅲ.①催化裂化-油浆-研究 Ⅳ.①TE626.25

中国版本图书馆CIP数据核字(2022)第254565号

中国石化出版社出版发行

地址:北京市东城区安定门外大街58号

邮编:100011 电话:(010)57512500

发行部电话:(010)57512575

http://www.sinopec-press.com

E-mail:press@sinopec.com

北京艾普海德印刷有限公司印刷

全国各地新华书店经销

*

710×1000毫米16开本11印张192千字

2022年12月第1版 2022年12月第1次印刷

定价:68.00元

前　言

随着全球对石油资源的迅速消耗，轻质石油的储存量日益减少，重油所占比例逐渐提高，催化裂化(FCC)技术在重油轻质化过程中起着重要作用。催化裂化装置除了产出轻质油外，还会生成油浆等产物，据不完全统计，我国催化裂化装置每年产生的油浆不低于750万t。目前，炼厂对催化裂化油浆处理的方法主要有回炼和外甩两种：回炼工艺容易使装置结焦和结垢，导致装置处理能力下降；外甩的油浆大多作为燃料直接燃烧，资源利用率很低，造成了很大的资源浪费。因此，提高催化裂化油浆的附加值，实现价值最大化，具有十分重要的经济效益和社会效益。

催化裂化油浆(FCCS)含有大量的多环芳烃，既可用于生产针状焦、炭黑、碳基材料等高附加值产品，又可作为沥青改性剂、强化剂、导热油等优质原料，具有极高的综合利用价值。但是，油浆中催化剂颗粒的存在制约了油浆的高值化利用，催化剂颗粒脱除成为油浆实现高值化利用的关键。目前，常用的FCCS脱固的方法有沉降分离法、过滤分离法、旋流分离法、离心分离法和静电分离法等。其中，静电分离法具有分离性能好、处理量大、压降小等优点，在分离小粒径颗粒或低固相浓度的工况下具有较大的优势。

本书第1章概述了四种工业中常用的催化裂化油浆脱固方法，重点介绍了静电分离法的研究进展及其应用情况；第2章详细介绍了静电分离法中的介电泳原理，对静电分离过程中催化剂颗粒进行了受力分析；第3章介绍了静电分离冷模实验，包括实验装置、实验方案及实验结果分析；第4章介绍了静电分离热模实验，讨论了操作参数、填料参数对分离效率的影响；第5章介绍了静电分离的仿真模型及仿真过程；第6章提出了静电分离过程中的有效接触点模型、单元有效吸附率模型、有效吸附区域模型及静电分离效率计算模型；第7章介绍了静态体系下静电分离的模拟过程，包括颗粒运动的分析以及结构参数、物性参数、操作参数对静电分离的影响；第8章介绍了动态体系下静电分离的模拟过程，包括颗粒在重力方向运动流场及逆重力方向运动流场中的运动分析。

全书由中国石油大学(华东)李强、许伟伟、武志俊、张喆、郭林飞、李安萌、曹昊、邱擎柱、杨会震、孟鹤等完成资料整理、编写和统稿工作。另外，本书编写参考了大量的研究论文、教材和手册，在此一并表示感谢！若参考文献标注中有疏漏之处，在此致歉。

由于编者水平有限，书中不足之处在所难免，希望广大读者提出批评和指正。

目　　录

第1章 绪论

1.1 催化裂化油浆性质

石油作为世界上一种重要的一次能源，对国家发展和人民生活具有极其重要的意义。近年来随着全球经济的快速发展，石油的产需逐渐失衡，且由于其不可再生性，轻质油的储量逐渐减少，重质油在石油开采中所占的比重日益增加。重质油中含有大量硫、氮、重金属和残炭等杂质，因此，重质油轻质化加工成为石油炼化的发展方向[1]。催化裂化(FCC)由于具有原料来源广，轻质油收率高，且汽油、柴油等产出油品质高等优点，是目前重质油轻质化的主要技术，而催化裂化装置除了产出轻质油浆外，还会生成催化裂化油浆(FCCS)等产物，在我国，催化裂化装置每年产生的催化裂化油浆不低于750万t[2]。目前，炼厂中对催化裂化油浆处理的途径主要是回炼和外甩两种，但油浆中存在大量固体颗粒和多环芳烃，使得油浆回炼时极易产生管道堵塞的危害，从而导致装置无法运行，因此，炼厂更倾向于将油浆进行外甩处理[3]。外甩油浆一般可用作燃料油调和组分，但其中的催化剂固体颗粒会对炉嘴产生磨蚀和堵塞的危害，不利于设备正常运行；同时，外甩油浆中还有部分可裂化的组分被用作低价值燃料而被浪费，因此，对催化裂化油浆进行深度加工以提高其综合利用率具有重要的意义[4]。

催化裂化油浆一般是指馏程在343～593℃之间未转变的馏分，原料性质、加工过程和工艺参数均会对催化裂化油浆的性质产生影响。国内部分催化裂化油浆的主要性质如表1-1所示[5-7]，由表可得，这几种催化裂化油浆的密度都高于$1g/cm^3$，四组分中饱和烃与芳香烃的含量高，所占比例高达90%左右，而芳香烃中又以多环芳烃为主。许志明等[8]通过对大庆、大港和沙特的催化裂化油浆按照沸点切割组分分析，得出窄馏分中以饱和烃和芳香烃为主，蒸馏馏分中以三环、四环芳烃为主，萃取馏分中以五环以上芳烃为主。

表1－1　国内部分催化裂化油浆的主要性质

项目	大庆常重油浆	管道掺炼油浆	辽河原油油浆	任丘原油油浆	大港油浆
密度/(g/cm³)	1.016	1.029	1.001	1.018	1.054
残炭/%	5.5	9.5	5.3	3.2	6.8
氢碳原子比	1.3	1.19		1.17	1.14
m(饱和烃)/m(芳香烃)	0.48	0.61	0.69	0.54	0.42
族组成/%					
饱和烃	31.1	32	37	30.6	26.9
芳香烃	64.8	52.2	57.7	57	63.6
胶质、沥青质	4.1	15.8	5.3	12.4	9.5
芳香烃组成/%					
单环芳烃	10.8		9.2		
双环芳烃	10.8	0.8	14.2		
三环芳烃	23.8	56.6	22.4		
四环芳烃	40.1	42.8	35.5		
五环芳烃	3.4		5		
总噻吩	3.4		3.6		
未鉴定芳烃	7.7		10.6		

表1－2为我国稠油的分类标准[9]，催化裂化油浆在50℃时的动力黏度为4750mPa·s，由表1－2可判断其满足稠油的划分标准。稠油的成分组成是影响其黏度的主要内因，目前普遍被接受的观点就是晏付德等学者描述的由沥青颗粒缔合形成的巨型结构，认为稠油是一种比较稳定的胶体分散体系[10]。在该分散体系中，沥青质作为分散相的胶核，以吸附的胶质作为溶剂化层，构成胶束，分散介质主要由饱和分和芳香分组成。胶质和沥青质通过氢键等相互作用、相互缔合，使沥青质保持悬浮状态，稠油各组分的内部微观结构通过影响稠油微粒间的相互作用力来影响稠油的黏度[11,12]。李瑞等[13－16]使用柱色谱法对来自不同产地的稠油进行四组分质量含量分析，得到了影响稠油黏度最大的四个组分因素为沥青质、胶质、中性非烃和酸性非烃，并结合实验数据拟合出了可预测稠油黏度的模型。

表1－2　我国稠油的分类标准

分类	50℃黏度/(mPa·s)	20℃密度/(g/cm³)
稠油	100～10000	0.9200
特稠油	10000～50000	0.9500
超稠油	>50000	>0.9800

催化裂化油浆具有密度大、黏度高、碳氢原子比低的特点，并且含有较多的二至五环短链芳烃。因此，可将其进行深度加工以生产不同用途的附加产品，比如针状焦、碳纤维、炭黑、工业橡胶软化剂、导热油等。但催化裂化油浆中催化剂颗粒的含量为 300 ~ 1000ppm（1ppm = 10^{-6}），严重影响了油浆的二次加工[10,17-19]。因此，需要将油浆中的固体颗粒脱除才能对催化裂化油浆进行深度加工。

1.2　催化裂化油浆脱固方法

沉降分离法、过滤分离法、离心分离法和静电分离法是目前国内外脱除催化裂化油浆中固体颗粒的主要方法[20-22]。

1.2.1　沉降分离法

沉降分离法分为自然（重力）沉降法和助剂沉降法。自然沉降法是使催化剂颗粒在自身重力的作用下沉降并分离，自然沉降法具有设备简单、操作方便、运行成本低等优点，但催化裂化油浆密度大、黏度高的特点，使自然沉降所需的时间较长，并且难以分离粒径小于 20μm 的微粒，因此，此种方法工业化应用程度低[23]。助剂沉降法是在油浆中添加表面活性剂或者高分子絮凝剂来促进催化剂颗粒之间团聚形成絮凝体，絮凝体可加速沉降过程，利于催化剂颗粒从油浆中分离[24]。与自然沉降法相比，助剂沉降法具有沉降时间短、分离效率高等优点，并且化学助剂简便易得，因此，助剂沉降法是一种经济可行的方法。

陈允玺等[16]针对兰州石化公司的催化裂化油浆使用新型的固体粉末助降剂来脱除催化剂颗粒，先后加入 500ppm 和 800ppm 的助降剂并沉降 72h，油浆中的固体颗粒浓度均可减少至 800ppm 以下，达到 89% 的脱除率；邱洪卫[25]采用助剂沉降和助滤剂过滤相结合的工艺，在催化油浆中加入 100ppm 的烷基酚甲醛树脂作为絮凝剂，并加入含量为 3g/100g 原料的硅藻土作为助滤剂，沉降 12h 后，油浆中的催化剂颗粒含量可脱除至 100ppm 以下；Michael Mcelhinney 等[13]将被乙氧基化的壬基酚甲醛树脂和被乙氧基化的对戊基苯酚甲醛树脂组成的混合物以 150 ~ 2000ppm 的剂量添加到催化裂化油浆中，可将油浆脱固的效率由 40% 提高到 75%。

1.2.2　过滤分离法

过滤分离法是通过微孔过滤介质将流过的催化裂化油浆中的催化剂颗粒进行

拦截脱除，从而净化油浆。过滤分离法的优点是设备简单、分离效果好且受油浆性质影响小，但过滤分离法的分离效率取决于滤芯介质的性质[26,27]。目前的滤芯主要分为不锈钢烧结丝网微孔材料滤芯和不锈钢粉末烧结微孔材料滤芯，美国的 Pall 公司和 Mott 公司分别采用两种材料滤芯开发出两种过滤分离技术[28]。中国石化安庆分公司[29]通过引进 Pall 公司的过滤分离技术，将催化裂化油浆中的固含量降低到 100ppm 以下，颗粒的去除率达到 95% 以上；中国石化天津分公司[30]通过引进 Mott 公司的过滤分离技术对油浆进行脱固处理，过滤后油浆中的固含量由 6 ~ 10g/L 降低到 1g/L 以下，过滤效果良好，但设备整体投资费用较高，且滤芯使用寿命较短，不利于在全国范围内推广应用。

目前使用的膜过滤技术具有滤芯易堵塞、清洗再生困难、不能长周期运行且过滤精度低的缺点，因此，需要在材料和工艺方面开发出新的过滤技术。中国石化长岭炼化公司与湖南中天元环境工程有限公司合作开发了采用陶瓷膜管作为过滤核心元件的催化裂化油浆错流过滤处理成套技术。工业化实验表明：滤后油浆灰分 $<50\mu g/g$，滤后油浆平均收率 $>85\%$[31,32]。中国石化金陵分公司采用中国石化大连石油化工研究院和江苏赛瑞迈科新材料有限公司共同开发的特种膜油浆净化技术，将催化裂化油浆的固含量降低到 30μg/g 以下[33]。

1.2.3 离心分离法

离心分离法包括离心沉降法和旋流分离法。离心沉降法是利用高温试管式沉降机对油浆进行脱固处理。张洪林等[34]利用高温沉降分离机对催化裂化油浆进行净化实验，实验结果表明：当离心转速为 2000r/min 时，分离 60s 即可脱除全部粒径大于 10μm 的颗粒。离心沉降法的分离效率较高，但设备运行成本高、操作维护不便且油浆处理量小，因此，目前没有得到大规模工业化应用。

旋流分离法的原理是：油浆在旋流管内做高速旋转运动，固液两相在旋转产生的离心力作用下实现分离。与离心沉降法相比，旋流分离法具有设备结构简单、运行成本低、操作维护方便等优点。白志山[35]利用直径为 10mm 的微旋流芯管对催化裂化油浆进行净化，实验结果表明：当进口流量为 250 ~ 260L/h 时，该装置可回收 45.77% ~ 82.8% 的催化剂颗粒，平均效率达到 58.56%。戴宝华等[36]设计了一种单级或多级微型旋流分离器，该装置可将催化裂化外甩油浆的催化剂颗粒含量从 18000mg/L 降低到 200 ~ 2500mg/L，净化效果良好。

1.2.4 静电分离法

静电分离法的原理是当催化裂化油浆流过施加电场的填料层时，填料以及催化剂颗粒在电场的作用下被极化，使电场强度增大，催化剂颗粒被填料球所吸附，催化裂化油浆得到净化。静电分离法具有分离性能好、压降小、对微米级的颗粒吸附效果好的优点，但静电分离设备投资大、流程复杂、操作维护困难。对于催化裂化油浆，其黏度大、流动性差等特点使净化难度加大，并且粒径在10μm以下的催化剂颗粒占比较大[37]，因此，适合用静电分离法对催化油浆进行脱固处理。

催化裂化油浆的静电脱固技术首先由美国海湾公司开发，并于1979年首次实现工业化应用，目前全球范围内的炼厂中有30多套静电分离装置在平稳运行。中国石化金陵石化公司首先引进该公司的静电分离设备，中国石化镇海炼化公司在此基础上进行二次开发并自行设计了一套静电分离装置，这两套静电分离设备在投入生产后静电分离效率较低，并且装置投资大、操作维护困难，因此很快被停运。

1.3 静电分离法研究进展

1.3.1 静电分离技术发展及应用

静电分离依靠介电泳(Dielectrophoresis，DEP)技术实现，该技术由Phol在1951年首次提出。介电泳技术指可极化的颗粒在非均匀电场中受到吸引力或排斥力作用而发生运动。因此，介电泳技术可被用来进行微粒操纵[38]。近年来，在生物分析和纳米技术应用中，以介电泳技术为基础的设备在对颗粒或微生物进行捕获、分选、分离、表征等方面发挥了至关重要的作用[39-41]。介电泳按照施加外加电场的类型分为直流介电泳和交流介电泳两类。交流介电泳是一种比较传统的介电泳控制技术，主要采用阵列式的电极创造一个高电场梯度的非均匀电场，称为电极式介电泳，该操作方法不用施加较高的电压，但是操作过程不连续，且处理量较低[42-44]。与该操作方法相比，绝缘式介电泳技术在某些方面能够弥补电极式介电泳的短板，其中直流式绝缘介电泳更具有明显的优势。Masuda等学者于1989年首先提出直流介电泳的概念[45]，2003年，Cummings等[46]利用直流绝缘介电泳技术，在流道内放置了多个绝缘障碍，用于扰乱流场及电场的分布，发现当介电泳力足够大时，颗粒将被吸附到绝缘障碍的表面，即捕捉介电泳。

2004年，Lapizco等将直流绝缘介电泳技术应用于富集和分离具有活性和失活的大肠杆菌，并取得了成功[47]，之后其团队利用数值仿真的方法，模拟了在绝缘障碍附近的捕捉区域，并成功地预言了捕捉区域的位置和大小[48]。Chou 等[49,50]用按一定顺序排列的绝缘障碍造成收缩口，通过直流介电泳技术分选并捕捉了不同的 DNA。Kang 等[51]研究了溶液电导率对颗粒运动行为的影响，结果表明：溶液电导率并不会对颗粒运动轨迹造成影响，而颗粒的尺寸及形貌特点会对其运动轨迹造成明显的影响。Lewpiriyawong 等[52]则在 H 形微通道中设置了多个方形的绝缘障碍，在介电泳力的作用下，提高了分离微颗粒的效果。利用静电法分离 FCCS 中固相颗粒的方法正是利用了直流绝缘介电泳这种原理，其中，两个圆柱形电极板之间的区域即为流道，玻璃球填料为绝缘障碍，在流道中由于受到介电泳的作用，部分颗粒会被吸附在填料上，完成 FCCS 的净化过程。

目前，主要有三种介电泳技术可以对有机或无机分子进行 DEP 操纵：第一种方法是通过制造微电极并将其集成在微流体平台上，微粒在电极附近高电场的作用下受到介电泳力作用而发生运动，这种方法被称为基于电极的 DEP(eDEP)；第二种方法是利用液相包围的不导电缩颈实现高电场，具体方法是通过浸没在容器中的电极与包含缩颈的装置相连接形成高电场，这种方法被称为基于绝缘体的 DEP(iDEP)；第三种方法是使用其他微通道中的电极在微粒通道中感应出不均匀的电场，这些电极通过薄的非导电材料与微粒通道分开，这一方法被称为非接触式 DEP(cDEP)[53,54]。

(1) eDEP 技术

在传统的 eDEP 技术中，产生非均匀电场的电极被放置在流体通道内部，电极与介质和微粒直接接触，电极的结构和形状对非均匀电场的强度具有重要影响。目前最常见的结构之一是“平行指对电极”，如图 1-1(a)所示。电极在其表面正上方产生较大的电场梯度，因此可以有效地捕捉或排斥附近的颗粒。这种设计可通过调节指对的长度与微通道宽度的比值，在微流控系统中提供一个较大的捕获区域。目前，这种结构广泛用于制造传感器和场效应晶体管等器件，同时也用于颗粒捕获[55-59]。

另一种常见的结构是“微型尖端电极”，如图 1-1(b)所示。电极在尖端产生较大的电场强度，颗粒因此受到较大的介电泳力而被吸附。三角形微尖端产生相对较低的有效俘获面积，因此，可以对多对尖端电极进行图案化以提高俘获效率，如图 1-1(c)所示。该结构可有效地用于捕捉单个纳米颗粒，并用于制造场效应晶体管和传感器[60-63]等器件。

“多项式电极”的结构设计可以看作两对微针尖电极设计的变形版本，如

图1-1(d)所示。然而，多项式电极的工作方式与两对微针尖电极相反，多项式电极沿焊盘产生最强的电场梯度，在图案中心产生最弱的电场梯度。因此，多项式电极结构可用于颗粒分离应用[64]。

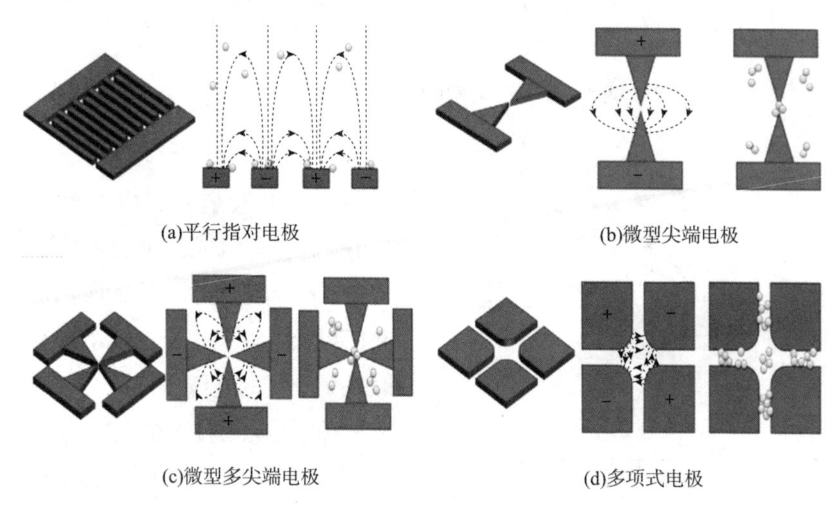

(a)平行指对电极　(b)微型尖端电极

(c)微型多尖端电极　(d)多项式电极

图1-1　传统eDEP技术中电极的结构与形状

(2)iDEP技术

在iDEP技术中，非均匀电场是由绝缘材料与浸入微通道中的外部电极结合所形成的诸如收缩、障碍物等结构而引起的[65,66]。目前利用光刻和软光刻技术，可以以低成本的方法制造各种聚合物基绝缘体结构，这比eDEP具有优势[67,68]。

iDEP是由Masuda等[45]在1989年所报道的一种新的细胞融合装置中提出的，其特点是位于两个电极之间的电场具有收缩效应。研究发现：两种不同的细胞被电动引导到两个绝缘结构之间的一个小开口上，当两个不同的细胞保持在收缩区域时，可以通过施加脉冲电压来诱导细胞融合。这种细胞融合装置的一个重要优点是，融合时细胞没有与电极直接接触，从而防止了细胞损伤。

Cummings和Singh[69-71]在2000年对iDEP进行了进一步研究，将绝缘柱阵列嵌入在玻璃蚀刻的微通道中，如图1-2所示。此方法使用了均匀排列的绝缘柱阵列，Cummings和Singh通过简单地修改绝缘柱的形状和排列来增强特定粒子的行为，达到了优化器件性能的目的。此外，iDEP器件的制造工艺具有简单和廉价的特点，可以从聚合基板采用批量制造技术，如热压花和注射成形，因此制造成本较低。

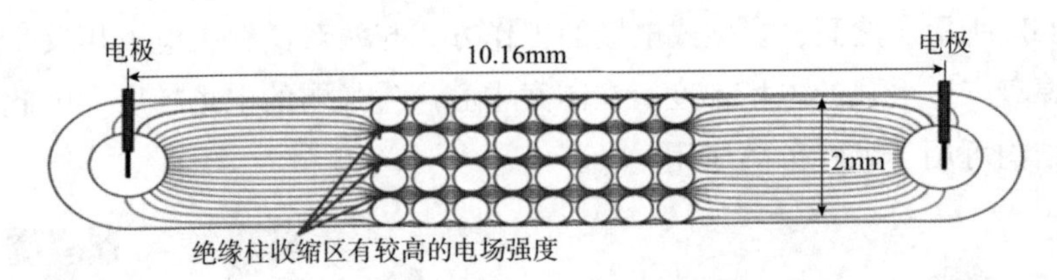

图 1-2　带有绝缘柱阵列的 iDEP 装置

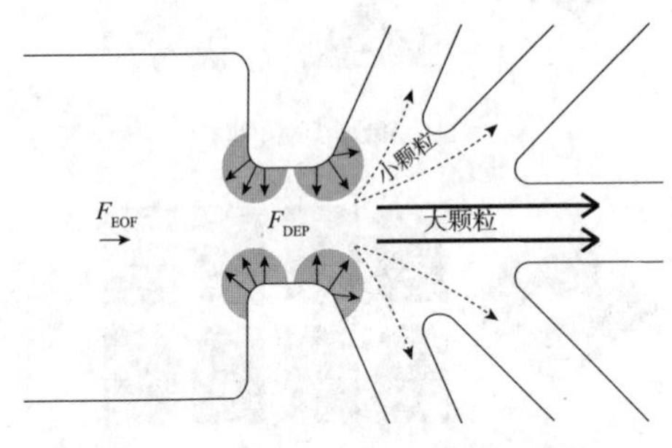

图 1-3　单收缩流式 iDEP 装置

Ros 研究小组[72,73]设计了一个单收缩流式 iDEP 装置，它由一个单一收缩结构的主通道组成，主通道连接 3 个或 5 个出口，结构如图 1-3 所示。此流式 iDEP 装置可以用于蛋白质纳米晶的分类和 DNA 分子的连续分离。分离过程的原理是：施加在颗粒上的负介电泳力大小在很大程度上取决于颗粒的大小，较大的纳米晶在穿过收缩区时受到强烈排斥，因此聚集在通道的中心；而较小的晶体则表现出较低的排斥效应，可以向侧沟道迁移，从而达到分离的目的。

(3) cDEP 技术

cDEP 技术近年来被提出并证明可以提供电极和样品流体之间没有任何接触的非均匀电场。Hadi Shafiee 等[74]利用这种技术使插入高导电溶液中的电极在微通道中产生非均匀电场，该电极利用薄绝缘层与主通道隔离，从而避免了电极和样品流体之间的直接接触。设计这种特殊结构的主要原因是为了消除污染、减少污垢和降低焦耳加热的影响。cDEP 器件的制造方法与 iDEP 相似，利用光刻和软光刻，因此制造成本低，经济性高。绝缘层隔离了流体通道和电极通道，因此，膜阻挡层材料的电容性和膜阻挡层的厚度影响着 cDEP 的性能。Salmanzadeh 等[75]报道了基于 cDEP 的亚微米颗粒混合微流控设计，其在 PDMS 中制作了四种具有矩形和圆形混合室结构的系统，用高导电性磷酸盐缓冲盐水填充不同几何形状的电极通道，以诱导流体通道的不均匀性，最终实现了微粒有效的混合。实验证明：利用 cDEP 技术使微粒在含有缓慢扩散的生物样品系统中实现快速混合具有应用前景。

1.3.2　催化裂化油浆静电脱固发展历程

催化裂化油浆密度大、黏度高，并且催化剂颗粒的粒径较小，因此适宜用静电法进行脱固处理。目前，催化裂化油浆利用 iDEP 技术实现静电脱固，静电分

离装置中充满填料球，其接触点相当于缩颈装置，填料球在电场下被极化，进而在接触点生成高强度电场并对颗粒产生吸附作用。美国 General Atomics 公司[76]首先研究开发了用于催化裂化油浆脱固的轴向型静电分离器，并于 1979 年实现工业化，其结构如图 1 –4 所示。该轴向型静电分离器有 3 个电极：筒形电极、中心电极和外壳电极。筒形电极接电源负极，中心电极和外壳电极接电源正极。3 个电极将静电分离器分为两个区域，每个区域中都装满填料，油浆由装置顶部流入，在电场作用下完成净化。净化完成后，反冲液由装置底部自下而上流经填料层对填料上的颗粒进行冲洗。

Crissman 等[77]最早提出了径向型静电分离器，如图 1 –5 所示。与轴向型静电分离器相比，径向型静电分离器的特点是：中心电极为中空结构，液流孔均匀分布在中心和外壳电极上，油浆由原来的轴向流入改为径向流入。此种径向型静电分离器同样由 3 个电极构成，分别位于装置的外壳、中心和内部的圆柱筒形区域，用作液体导管的中心管状电极纵向延伸，油浆由中心管状电极顶部流入，沿液流孔径向流经填料，最终由装置外壳上的净化油出口流出；反冲液同样由装置的底部流入，自下而上流经填料层对填料上的颗粒进行冲洗。

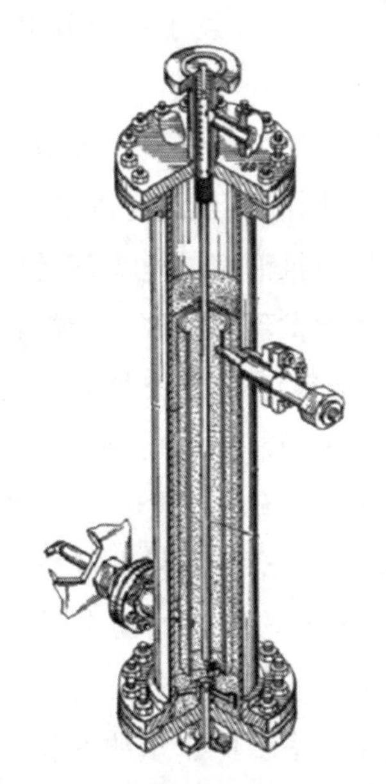

图 1 –4　轴向型静电分离器示意图

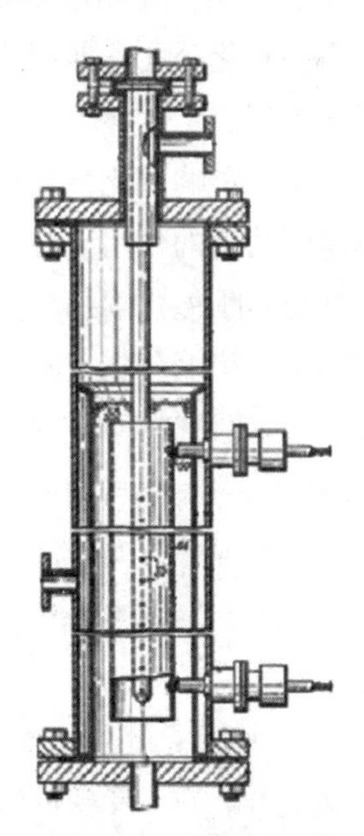

图 1 –5　吉姆森式径向型静电分离器示意图

Waston[78]设计了具有奇数个平行水平电极板的径向型静电分离器，电极极性沿径向方向按照正极、负极的顺序交替排列，且电极之间区域充满填料。该静电分离器结构如图 1 –6 所示。与吉姆森式径向型静电分离器不同的是，此种径

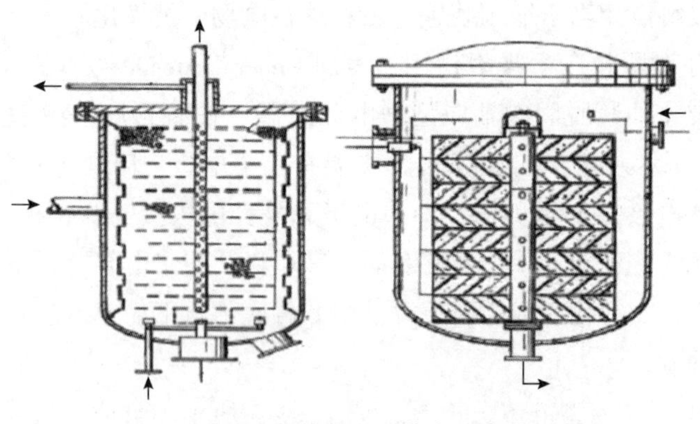

图1-6　沃士顿式径向型静电分离器示意图

向型静电分离器的油浆经分散器流入填料层后由中心电极的顶部流出。沃士顿式径向型静电分离器有两种反冲洗方式：循环式和拆卸式。循环式的反冲洗方式与吉姆森式静电分离器的反冲洗方式相同，拆卸式反冲洗方式则需将装置拆开，这种方法会增加操作难度，但是冲洗效率高。和轴向型静电分离器相比，径向型静电分离器在静电分离过程中允许增加液体的流速。

我国利用静电法脱除催化裂化油浆中固相颗粒的研究比国外较晚。1988 年，南京炼油厂引进美国海湾公司的催化裂化油浆静电分离装置，用于分离催化裂化油浆中的催化剂颗粒，使用后发现分离效果很差。经研究，1994 年南京炼油厂与中国石化洛阳石化公司参照引进的分离装置联合设计开发了一套静电分离器，分离效果同样不理想[79]。

油浆的性质会影响催化剂颗粒的分离效果，其中油浆的黏度、介电常数和电导率等参数起到关键的作用。方云进等[80]对 5 种不同的油浆进行静电分离实验，发现油浆黏度会影响催化剂颗粒向吸附点运动的阻力且油浆的电导率随温度的升高而升高，不利于静电分离；同时，还通过炭黑实验发现了油浆中的沥青质和炭黑等成分的“竞争吸附”现象。颗粒的直径越大，颗粒越容易被分离，这是因为颗粒受到的静电力的大小与颗粒的直径成正比[76]。Kelly 等[81]通过研究静电分离中的固体颗粒，发现颗粒的清洁度、湿度、电导率、成分、大小、密度及粗糙度等都会对分离效果产生影响。王光润和方云进等[80]对 5 种油浆进行静电分离处理，发现蜡油的分离效率最高，重催油浆的分离效果与其中的沥青质含量成反比。孙晓霞等[82]分析了油浆性质、固体颗粒性质、催化剂性质以及工作电压等对静电分离效率的影响，发现重催油浆的静电分离效率要低于蜡油油浆，这是因为油浆中的焦粉使静电分离时的电流增加，降低了静电分离效率。

静电分离器利用电极之间产生的电场来吸附颗粒，不同的静电分离器结构会对吸附效果产生不同的影响。当静电分离器的电极相互靠近时，电极之间的电场强度增大，可以起到吸附固体颗粒的效果，但是要达到理想的分离效果则需要大量的电极，消耗的功率大幅提高。因此，综合经济效益和处理效果等因素，通常在静电分离器的电极之间加入填料，通过电场极化填料产生的极化电场来起到分离固体颗粒的效果[83]。Ham[84]使用有机离子交换树脂床作为填料用于静电分离；Hamlin利用非导电的、松散的填充纤维材料作为填料。两者均提高了分离效率，但无法有效地反冲洗填料来循环利用。Fritsche等[85]发现选择玻璃球作为静电分离的填料时分离效率较高，这是因为玻璃球的成分对静电分离效率有一定的影响，且与只含有钠氧化物的玻璃球相比，含有钾的玻璃球的分离效率要好。由此推断在分离过程中起作用的是填料中的离子。方云进等[80,86]研究发现，表面光滑、球形度更高的填料有更好的分离效果，同时，玻璃材质填料的分离效果要优于陶瓷材质和塑料材质的填料。Martin等[87]研究发现，定期使用无机酸对填料进行冲洗可以保持填料的有效性。

静电分离器的结构同样对静电分离效率起到至关重要的作用。孙晓霞[82]通过优化电极结构尺寸以及增加有效静电场高度的方式改进标准型分离器，改进后的分离器的分离效率可以提高至少10%。Qing Cao等[88]在研究利用静电场去除煤焦油沥青中的不溶物和灰分时发现，不同形状的电极会对分离效果产生影响，柱形电极的效果要优于六面体电极和梅花状电极。Lin等[89]发现电极轮廓及空间几何形状、电极间距、分离单元的几何形状及空间和填料空隙率等会对静电分离效果产生影响。Li等[90,91]通过实验证明静电分离效率随着电极尺寸变大而增大，但是超过一定的尺寸后会导致静电脱固效率呈现下降的趋势。

操作参数对静电分离效率也有较大影响。方云进等[86]通过导热油或冷轧废油配置模拟体系，发现分离效率随分离时间的增加先增加后逐渐平稳。赵娜等[92]采用自制的静电分离装置，研究了电压、分离时间、温度、分离级数等参数对静电分离效率的影响，发现分离效率与分离时间、温度、分离级数等呈正相关，而随着电压的增大，分离效率先增大后减小，这是由于颗粒的“过极化”导致分离效率降低。孙晓霞等[93]研究油浆的流量对分离效率的影响，发现油浆的流量越大，固体颗粒的分离效率越低。郭爱军等[94]通过静电分离实验发现，添加介电常数高、导电率低的添加剂可以增加固体颗粒的相对介电常数并促进颗粒团聚，使分离效率提高了近21%。Phillip R. Bose等[95]在对油浆进行静电脱固之前，利用铂金材质电极外接交流电的方式，产生振荡电场，电压峰值在500V以上，振荡频率的范围为30~70Hz，油浆经过振荡电场的预处理后可以提高静电分离效率。这是因为油浆经过振荡电场后黏度降低，其中的固体颗粒运动时受到的阻力减小，更容易被吸附。

第2章　静电分离法的机理分析

催化裂化油浆静电脱固的原理是：电介质在非均匀电场中受到极化作用，从而在表面产生感应电荷，进而产生偶极矩，催化剂颗粒受到介电泳力的作用而向电场强度增大的方向运动，最终被吸附达到净化目的。本章阐述了静电学基本原理，并详细分析了置于静电场中的催化剂颗粒的受力以及运动情况，目的是阐明催化裂化油浆静电脱除催化剂颗粒的过程。

2.1　介电泳原理

电场是实现催化裂化油浆静电脱固的基础，对静电学基本原理的分析是阐明催化剂颗粒在静电场中受到介电泳力而发生运动的前提。

2.1.1　基本定律和方程

在静电场中，电场强度与电势的关系如下所示：

$$E = -\nabla\varphi \tag{2-1}$$

式中，φ 为电势，V；E 为电场强度，V/m。

根据高斯定律，电场强度的梯度与单位体积电荷密度成正比：

$$\nabla E = \frac{\rho}{\varepsilon_0} \tag{2-2}$$

式中，ρ 为单位体积电荷密度，C/m^3；ε_0 为真空条件下的介电常数，F/m。

将上述两式联立可得到泊松方程[96]的表达式：

$$\nabla^2\varphi = -\frac{\rho}{\varepsilon_0} \tag{2-3}$$

当空间中某区域内 $\rho = 0$ 时，泊松方程即可简化为拉普拉斯方程：

$$\nabla^2\varphi = 0 \tag{2-4}$$

2.1.2　电介质

电介质[97]在静电场中受到极化作用而产生极化电荷，正、负极化电荷分布在电介质的两端并形成电偶极子，电介质颗粒的平均偶极矩和电场强度成正比，即：

$$P_{av} = cE \tag{2-5}$$

式中，c 表示极化值，C·m²/V；P_{av} 为颗粒的平均偶极距，C·m。电介质的极化率可表示为：

$$P = kP_{av} = kcE \tag{2-6}$$

式中，k 表示电介质单位体积包含的颗粒个数；P 表示电介质单位体积下的偶极距，C·m。

电介质的极化率和其束缚电荷的关系为：

$$\rho_b = -\nabla \cdot P \tag{2-7}$$

式中，ρ_b 表示束缚电荷密度，C·m³。又由于式(2-2)可改写为：

$$\nabla E = \frac{\rho_b + \rho_{fr}}{\varepsilon_0} \tag{2-8}$$

式中，ρ_{fr} 表示自由电荷密度，C·m³。式(2-7)和式(2-8)联立后可得：

$$\nabla \cdot (\varepsilon_0 E + P) = \rho_{fr} \tag{2-9}$$

定义电位移矢量 D，由于 $D = \varepsilon_0 E + P$，则式(2-9)可以转化为：

$$\nabla \cdot D = \rho_{fr} \tag{2-10}$$

式中，D 表示电通量的密度，C·m²。

2.1.3　电偶极子

电偶极子示意图如图2-1所示，两个点电荷组成的电偶极子可产生不均匀的电场。电偶极矩是表示电偶极子特征的物理量，偶极距是一个向量值，其方向由负电荷指向正电荷[98]，即：

$$p = q_0 d \tag{2-11}$$

式中，p 表示偶极距，C·m；q_0 表示电荷电量，C；d 表示电荷间距，m。

在极坐标体系下，设 r 为坐标系中任一参考点与偶极距的间距，则有：

$$\varphi = \frac{p \cdot r}{4\pi\varepsilon_0 r^2} = \frac{|p|\cos\varpi}{4\pi\varepsilon_0 r^2} \tag{2-12}$$

式中，ϖ 为任一电势参考点与偶极距的夹角。

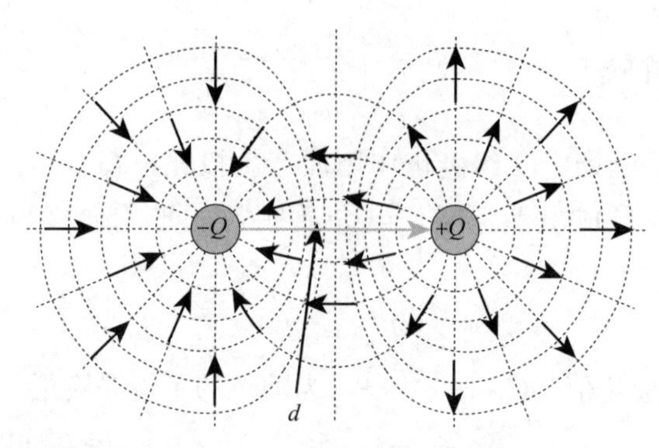

图 2-1 电偶极子示意图

虚线为等势线；深色箭头表示电场；浅色箭头为偶极矩方向

进一步可得到电势与偶极距的关系为：

$$\varphi = \frac{|p|}{4\pi\varepsilon_0 r^3}(2\cos\varpi\, r + \sin\varpi\, \varpi) \tag{2-13}$$

在极坐标下分析正、负电荷之间的电场力，设负电荷与极坐标原点距离为 R，正、负电荷之间的距离为 d，则正电荷与极坐标原点的间距为 $(R+d)$，正、负电荷所受的电场力可以分别表示为：

$$F_1 = q_0 E(R+d) \tag{2-14}$$

$$F_2 = -q_0 ER \tag{2-15}$$

式中，F_1 和 F_2 分别为正、负电荷在电场中所受的作用力，N。由正、负电荷组成的电偶极子的受力 F 为：

$$F = F_1 + F_2 = q_0 E(R+d) - q_0 ER \tag{2-16}$$

电偶极子中距离 d 较小，因此可省略泰勒公式展开式中的高阶项，得到：

$$E(R+d) \approx E(R) + (d \cdot \nabla)E(R) \tag{2-17}$$

$$F = q_0 E(R) + q_0(d \cdot \nabla)E(R) - q_0 E(R) = (P \cdot \nabla)E(R) \tag{2-18}$$

2.1.4 催化剂颗粒的偶极矩

将催化剂颗粒简化为匀质球体介电粒子，半径为 r_p，油浆可以简化为均匀的介电溶液。由于催化剂颗粒和油浆都是理想的电介质，因此将公式(2-4)进行 Legendre 多项式展开[99]，可得：

$$\phi(r,\gamma) = \phi_0 + \sum_n A_n \left(\frac{r}{r_p}\right)^n P_n \cos\gamma \quad (r < r_p) \tag{2-19}$$

$$\phi(r,\gamma) = \phi_0 + \sum_n B_n \left(\frac{r}{r_p}\right)^{-(n+1)} P_n \cos\gamma \quad (r > r_p) \tag{2-20}$$

$$\phi_0(r,\gamma) = -E \cdot z = -|E| r\cos\gamma \tag{2-21}$$

式中，r、γ、ϕ 分别表示在极坐标体系下球形粒子上一点的位置坐标。

假设粒子表面($r = r_p$)位置处为固液两相的分界面，在分界面上自由电荷为0，即 $\rho_{fr} = 0$，则有：

$$\varepsilon_f E_f \cdot n - \varepsilon_p E_p \cdot n = 0 \tag{2-22}$$

式中，ε_f 和 ε_p 分别表示直流电场中油浆和颗粒的介电常数，F/m；E_f 和 E_p 分别表示油浆和颗粒的电场强度，V/m。将式(2－22)展开可得：

$$\varepsilon_f \left.\frac{\partial \phi_f}{\partial t}\right|_{r=r_p} - \varepsilon_p \left.\frac{\partial \phi_p}{\partial t}\right|_{r=r_p} = 0 \tag{2-23}$$

联立式(2－19)、式(2－21)和式(2－23)，求解得到颗粒内部和油浆的电势分布，如下所示：

$$\phi_p(r,\gamma) = \phi_0(r,\gamma) + \frac{\varepsilon_p - \varepsilon_f}{\varepsilon_p + 2\varepsilon_f} |E| r\cos\gamma \tag{2-24}$$

$$\phi_f(r,\gamma) = \phi_0(r,\gamma) + \frac{\varepsilon_p - \varepsilon_f}{\varepsilon_p + 2\varepsilon_f} |E| \frac{r_p^3}{r^2}\cos\gamma \tag{2-25}$$

联立式(2－12)和式(2－25)可以求得球形颗粒电介质在直流电场作用下所产生的电偶极矩的大小：

$$P = 4\pi\varepsilon_f r_p^3 \left(\frac{\varepsilon_p - \varepsilon_f}{\varepsilon_p + 2\varepsilon_f}\right) E \tag{2-26}$$

在交流电场中，固相颗粒和液相介质的介电常数如下所示：

$$\varepsilon_p^* = \varepsilon_p - j\frac{\sigma_p}{w} \tag{2-27}$$

$$\varepsilon_f^* = \varepsilon_f - j\frac{\sigma_f}{w} \tag{2-28}$$

式中，ε_p^* 表示交流电场中颗粒的介电常数，F/m；ε_f^* 表示交流电场中油浆的介电常数，F/m；σ_p 表示颗粒的电导率，S/m；σ_f 表示油浆的电导率，S/m。交流电场下偶极矩表达式为：

$$P = 4\pi\varepsilon_f \left(\frac{\varepsilon_p^* - \varepsilon_f^*}{\varepsilon_p^* + 2\varepsilon_f^*}\right) r_p^3 E \tag{2-29}$$

极化因子(Clausius－Mossotti Factor)可以用来表示粒子在电场中的极化程度或者粒子极化产生的偶极矩大小[100]，如式(2－30)所示：

$$f_{CM}(w) = \left(\frac{\varepsilon_p^* - \varepsilon_f^*}{\varepsilon_p^* + 2\varepsilon_f^*}\right) \quad (2-30)$$

2.1.5 催化剂颗粒所受介电泳力

当中性电介质颗粒处于静电场中时，颗粒受到极化作用变成一个偶极子，当电场为非均匀电场时，颗粒因正、负极化电荷受到的力不同而发生运动，此运动称为介电泳，颗粒整体受到的力称为介电泳力。介电泳的原理如图 2－2 所示，可分为正向介电泳(positive DEP，pDEP)和负向介电泳(negative DEP，nDEP)。pDEP 是当颗粒的极化程度大于溶液的极化程度，颗粒将向场强增大的方向移动；nDEP 是当颗粒的极化程度小于溶液的极化程度，颗粒将向场强减小的方向移动。

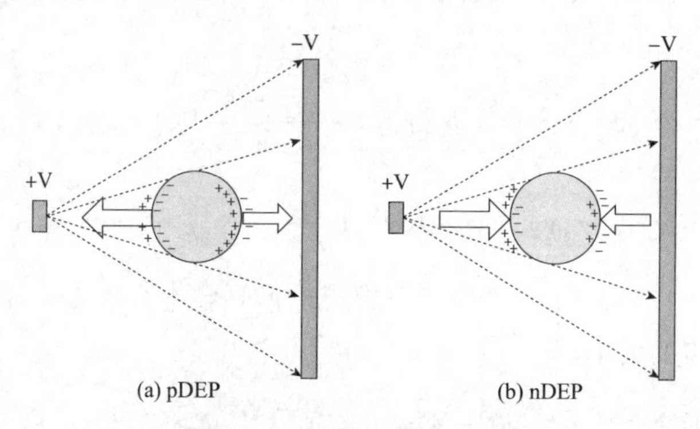

图 2－2 介电泳原理示意图

由式(2－29)和式(2－30)可得，球形颗粒的偶极矩可以表示为：

$$P = 4\pi\varepsilon_f f_{CM}(w) r_p^3 E \quad (2-31)$$

式中，r_p表示颗粒半径，mm；颗粒所受介电泳力可以表示为：

$$F_{DEP} = 4\pi\varepsilon_f f_{CM}(w) r_p^3 (E \cdot \nabla) E \quad (2-32)$$

采用矢量表示方法，可得到：

$$\nabla(E \cdot E) = 2(E \cdot \nabla)E + 2E \times (\nabla \times E) \quad (2-33)$$

$$\nabla \times E = 0 \quad (2-34)$$

因此，球形颗粒受到的介电泳力可以表示为：

$$F_{DEP} = 2\pi\varepsilon_f r_p^3 \mathrm{Re}[f_{CM}(w)] \nabla |E|^2 \quad (2-35)$$

式中，$\mathrm{Re}[f_{CM}(w)]$ 表示 CM 因子的实部。

在直流电场中，催化剂颗粒所受介电泳力为：

$$F_{DEP}=2\pi\varepsilon_f r_p^3\left(\frac{\varepsilon_p-\varepsilon_f}{\varepsilon_p+2\varepsilon_f}\right)\nabla|E|^2 \tag{2-36}$$

在交流电场中，将式(2－27)和式(2－28)代入式(2－30)中，则 $f_{CM}(w)$ 可表示为：

$$f_{CM}(w)=\frac{\varepsilon_p^*-\varepsilon_f^*}{\varepsilon_p^*+2\varepsilon_f^*}=\frac{(\varepsilon_p-\varepsilon_f)-i\left(\frac{\sigma_p-\sigma_f}{w}\right)}{(\varepsilon_p+2\varepsilon_f)-i\left(\frac{\sigma_p+2\sigma_f}{w}\right)}$$

$$=\frac{w^2(\varepsilon_p-\varepsilon_f)(\varepsilon_p+2\varepsilon_f)+(\sigma_p-\sigma_f)(\sigma_p+2\sigma_f)}{w^2(\varepsilon_p+2\varepsilon_f)^2+(\sigma_p+2\sigma_f)^2}+\frac{w(3\varepsilon_p\sigma_f-3\varepsilon_f\sigma_p)}{w^2(\varepsilon_p+2\varepsilon_f)^2+(\sigma_p+2\sigma_f)^2}i \tag{2-37}$$

CM 因子的实部可以表示为：

$$\mathrm{Re}[f_{CM}(w)]=\mathrm{Re}\left(\frac{\varepsilon_p^*-\varepsilon_f^*}{\varepsilon_p^*+2\varepsilon_f^*}\right)$$

$$=\frac{w^2(\varepsilon_p-\varepsilon_f)(\varepsilon_p+2\varepsilon_f)+(\sigma_p-\sigma_f)(\sigma_p+2\sigma_f)}{w^2(\varepsilon_p+2\varepsilon_f)^2+(\sigma_p+2\sigma_f)^2} \tag{2-38}$$

所施加的交流信号不同，$\mathrm{Re}[f_{CM}(w)]$ 存在两种表达方式。

当所施加的交流频率为高频时，即 w 趋近于无穷时：

$$\mathrm{Re}[f_{CM}(w)]=\frac{\varepsilon_p-\varepsilon_f}{\varepsilon_p+2\varepsilon_f} \tag{2-39}$$

当所施加的交流频率为低频时，即 w 趋近于0时：

$$\mathrm{Re}[f_{CM}(w)]=\frac{\sigma_p-\sigma_f}{\sigma_p+2\sigma_f} \tag{2-40}$$

与直流电场相比，交流电场中的颗粒在电介质溶液中所受的介电泳力除了与颗粒大小、颗粒与溶液的介电常数有关外，还与颗粒和溶液的电导率、交流信号场强以及频率有关。如式(2－39)和式(2－40)所示，当交流信号频率为低频时，颗粒和溶液的电导率决定颗粒的介电泳方向，当交流信号为高频时，颗粒和溶液的介电常数决定颗粒的介电泳方向。$\mathrm{Re}[f_{CM}(w)]>0$，颗粒极化程度更强，发生正介电泳现象；$\mathrm{Re}[f_{CM}(w)]<0$，颗粒的极化程度较弱，发生负介电泳现象。由于不同种类颗粒的介电特性不同，因此，可以在交流电场中通过施加特定的频率使不同颗粒分别受到正向、负向介电泳作用，达到筛选分离特定颗粒的效果。

2.2 固相颗粒的受力分析

在催化裂化油浆静电脱固的过程中，催化剂颗粒在静电场中除了受到介电泳力外，还同时受其他作用力的影响。这些力分别为静电力、有效重力、曳力、布朗力、附加质量力、巴赛特(Basset)力、马格努斯(Magnus)力和萨夫曼(Saffman)升力。

2.2.1 静电力

当电介质处于非均匀电场中时，其库仑力为静电相互作用力 F_E ，在静电分离器内，颗粒 i^{th} 受到的来自颗粒 i^{th} 和颗粒 j^{th} 的静电相互作用力如下所示[89]：

$$F_{E,ij} = \frac{1}{4\pi\varepsilon_f\varepsilon_0}\frac{3}{R^5}[R_{ij}(p_i \cdot p_j)] + (R_{ij} \cdot p_i)p_j + (R_{ij} \cdot p_j)p_i - \frac{5}{R^2}R_{ij}(p_i \cdot R_{ij})(p_j \cdot R_{ij}) \tag{2-41}$$

式中，R 表示 2 个颗粒之间的距离；R_{ij} 表示颗粒 i^{th} 和颗粒 j^{th} 间的距离向量；p 为有效偶极矩，其等于 $4\pi\varepsilon_f r_p^3\beta E$ ，β 为 CM 因子的实部。在实际工况中，固相颗粒的浓度较低，因此，忽略了颗粒之间相互作用力的影响(包括静电相互作用力)[101]。

2.2.2 有效重力

催化剂颗粒受到的力主要有重力 G、浮力 F_b(本书中，将重力与浮力的合力用有效重力表示，记为 F_{EG})、流体曳力 F_{SD}、布朗运动以及粒子与粒子之间的相互作用等。在混合液中，催化剂颗粒的体积浓度较低，因此，颗粒之间的相互作用可以忽略。

球形颗粒的重力可以表示为：

$$G = \frac{4}{3}\rho_p g\pi r_p^3 \tag{2-42}$$

颗粒所受浮力的表达式为：

$$F_b = \frac{4}{3}\rho_f g\pi r_p^3 \tag{2-43}$$

式中，ρ_p 和 ρ_f 分别表示颗粒和油浆的密度，kg/m^3；g 代表重力加速度常数。重力和浮力都是位于垂直面内的惯性力，因此它们的合力即有效重力也位于垂直面内，由式(2－42)、式(2－43)相减可得到颗粒在溶液中所受的有效重力：

$$F_{EG} = \frac{4}{3}\pi r_p^3(\rho_p - \rho_f)g \tag{2-44}$$

2.2.3 曳力

忽略流体的惯性，半径为 r_p 的球形颗粒在静电分离器中由于运动而受到油浆的黏性力作用，这种力称为曳力。曳力的大小与流体的黏度、固液两相的速度差、颗粒的半径有关，其表达式如下：

$$F_{SD} = -\frac{4\pi r_p^3\rho_p}{3\tau_p}(u_p - u_f) \tag{2-45}$$

式中，τ_p 表示颗粒速度的响应时间，s；u_p 和 u_f 分别表示颗粒和油浆的速度，m/s。当雷诺数较低且位于斯托克斯区时，$\tau_p = \frac{2\rho_p r_p^2}{9\mu}$，代入式(2－45)可得[102]：

$$F_{SD} = -6\pi\mu r_p(u_p - u_f) \tag{2-46}$$

2.2.4 布朗力

布朗运动是一种微细颗粒在流体介质中做无规则运动的现象，其本质是流体分子无规则的热运动对微细颗粒进行撞击，从而引起微细颗粒的无规则运动。布朗运动具有随机性和持久性，其具体的计算方式如式（2－47）所示[103]。

$$F_B = g_1\sqrt{\frac{2\xi_t k_B T}{dt}} \tag{2-47}$$

式中，g_1 为高斯随机向量，表征布朗运动的方向具有随机性；T 表示流体介质的温度，K；ξ_t 为平动摩擦系数；dt 表示时间微元，s。布朗力相对于介电泳力较小，因此忽略不计。

2.2.5 附加质量力

当流体介质可以假设为具有不可压缩且静止的特性时，若颗粒为球形且在液相介质内做加速度为 a_p 的匀加速直线运动时，由于流体惯性的作用，在颗粒周围会产生围绕颗粒的二次流动，相当于对颗粒施加了一个反作用力，使推动颗粒运动的力大于颗粒本身的惯性力，如同颗粒质量增加了一样，这部分大于颗粒本身惯性力的力称为附加质量力 F_{vm}。

当直径为 d_p 的球形颗粒在无黏性的液相介质中做加速度为 a_p 的运动时，F_{vm}

的表达式如下：

$$F_{vm} = \frac{1}{2} \times \frac{\pi d_{\mathrm{p}}^3}{6} \rho_{\mathrm{f}} a_{\mathrm{p}} \tag{2-48}$$

当加速度 a_{p} 不再为常数，且流体具有黏性时，F_{vm} 如式(2-49)所示：

$$F_{vm} = \frac{1}{2} \times \frac{\pi d_{\mathrm{p}}^3}{6} \rho_{\mathrm{p}} \left(1 + \frac{\rho_{\mathrm{f}}}{2\rho_{\mathrm{p}}}\right) \times \frac{\mathrm{d}(u_{\mathrm{p}} - u_{\mathrm{f}})}{\mathrm{d}t} \tag{2-49}$$

附加质量力通常在固液两相相对运动的加速度非常大时才加以考虑，当相对加速度不是很大时，可以忽略处理。

2.2.6 巴赛特力

在流体黏性的作用下，当颗粒在液相介质中做加速运动时，颗粒的表面会形成厚度逐渐增加的边界层，除了颗粒的附加质量力外，颗粒还受到因在黏性流体中做变速运动产生的阻力，该力是由 Basset 首先发现的，故命名为巴赛特力。巴赛特力的计算公式如下[104]：

$$F_{\mathrm{Ba}} = \frac{3}{2} d_{\mathrm{p}}^2 \sqrt{\pi \rho_{\mathrm{f}} \mu} \int_0^t \left[\frac{\mathrm{d}(u_{\mathrm{p}} - u_{\mathrm{f}})/\mathrm{d}t}{\sqrt{t-\tau}}\right] \mathrm{d}\tau \tag{2-50}$$

其中，τ 为积分变量，与附加质量力相同，当颗粒相对于流体介质的加速度非常大时，巴赛特力才加以考虑，通常情况下可以忽略。

2.2.7 马格努斯力

在固液两相流中，若流场不均匀，会使颗粒产生旋转，当雷诺数处于层流区间时，颗粒的旋转会使其表面边界层中的流体速率发生变化，其中流动方向与旋转方向相同的流体速率增大，方向相反的流体速率降低，从而产生压力差，这种情况下，颗粒会受到马格努斯力 F_{M} 的作用，方向与颗粒的运动方向垂直，其计算公式如下：

$$F_{\mathrm{M}} = \frac{\pi d_{\mathrm{p}}^3 \rho_{\mathrm{f}} (u_{\mathrm{p}} - u_{\mathrm{f}}) \omega_{\mathrm{p}}}{8} \tag{2-51}$$

式中，ω_{p} 为颗粒的旋转角速度，当颗粒为微米级别时，萨夫曼升力与马格努斯力的比值远远大于1。因此，当流场中速度梯度较大时，颗粒受到的力以萨夫曼力为主，而马格努斯力可以忽略。

2.2.8 萨夫曼升力

当流场中存在速度梯度时，在颗粒运动方向的两侧由于存在速度差而导致压力差，使颗粒受到一个从低速区指向高速区的力，该力即为萨夫曼升力，方向与巴塞特力相同，它是由黏性流体的剪切力引起的，在边界层附近其影响尤为明显。当雷诺数较低时，其公式如下[105]：

$$F_{Sa} = -1.615 d_p^2 \rho_f (u_p - u_f) \sqrt{\nu (du_f/dy)} \tag{2-52}$$

式中，ν 为流体的运动黏度，m^2/s，当雷诺数超过一定值时，萨夫曼力的方向会发生变化。Lee 等[106]认为雷诺数的临界值为 50，当雷诺数 <10 时，萨夫曼升力相当于曳力的 6.5%[107]。在本研究中，颗粒是在静态状态下完成吸附过程的，流场中的速度梯度几乎为 0，这意味着萨夫曼升力可以忽略不计。

2.2.9　压力梯度力

当微小颗粒在有压强梯度的流动中时，由于周围的压强不同，颗粒会受到不同力的作用，互相抵消后会产生一个合力的作用，称为压力梯度力 F_p。压力梯度力的方向与压力梯度的方向相反，其计算公式为：

$$F_p = -\frac{\pi d_p^3}{6}\frac{\partial p}{\partial l} \tag{2-53}$$

式中，$\partial p/\partial l$ 为沿流动方向的压力梯度。

颗粒所受的各个力的方向和大小，如表 2-1 所示。经分析以及总结前人的研究经验[108]，在颗粒的整个运动过程中，主要考虑四种力，分别为介电泳力 F_{DEP}、有效重力 F_{EG}、曳力 F_{SD} 和压力梯度力 F_p。

表 2-1　颗粒所受的各个力的方向和大小

力	方向	大小
介电泳力 F_{DEP}	与 $\nabla\|E\|^2$ 相同	必须考虑
静电力 F_E	与两个颗粒中心的连线平行	在低浓度情况下不予考虑
有效重力 F_{EG}	竖直向下	固液两相密度差异较大时需考虑
布朗力 F_B	方向随机	颗粒直径较大时忽略
曳力 F_{SD}	与固液两相相对速度方向相同	必须考虑
附加质量力 F_{vm}	与固液两相相对速度方向相反	固液两相相对加速度不大时忽略不计
巴赛特力 F_{Ba}	与固液两相相对速度方向相反	固液两相相对加速度不大时忽略不计
马格努斯力 F_M	与固液两相相对速度方向相同	远远小于 F_{Sa}
萨夫曼升力 F_{Sa}	与固液两相相对速度方向垂直	流场中存在速度梯度时应考虑
压力梯度力 F_p	与压力梯度的方向相反	动态实验时需要考虑

第 3 章　静电分离冷模实验研究

3.1　实验介质

催化裂化油浆在室温条件下黏度大、流动性差，直接采用催化油浆在室温条件下开展静电脱固实验难以实现。考虑到催化油浆在高温条件下的黏度低、流动性较好这一实际情况，本章拟选取与高温条件下的催化油浆物性相近的导热油作为实验介质，加入催化剂颗粒来模拟高温条件下催化油浆固液体系；开展冷态催化油浆静电脱固模拟实验，并基于此研究方案，设计搭建了冷态模拟的动态和静态实验装置。

实验所用导热油的物性如表 3－1 所示，实验所用催化剂颗粒粒度分布和颗粒粒度分布曲线如表 3－2 和图 3－1 所示。催化剂中位粒径分别为 3.19μm、19.30μm、25.20μm、30.42μm、44.09μm。从催化剂颗粒粒度分布曲线可以看出，催化剂颗粒粒径体积分数呈正态曲线分布，分布良好。催化剂颗粒粒径越小，分离难度越大，相对于其他脱固方法，静电法对粒径为 10μm 以下的催化剂颗粒分离效率较高。因此，本章节实验选取中位粒径为 3.19μm 的催化剂颗粒进行实验研究。

表 3－1　导热油的物性参数

物料	28℃运动黏度/(mPa·s)	28℃密度/(kg/m^3)	28℃相对介电常数	28℃电导率/(pS/m)
1#导热油	39.54	864	1.7548	2.579
2#导热油	42.02	849	1.7236	1.184
3#导热油	37.68	848	1.7524	15.504

表 3－2　催化剂颗粒粒度分布

物料	平均粒径/μm	中位粒径 d_m/μm	筛下累积率/%				
			<10	<25	<50	<75	<90
1#催化剂	5.82	3.19	1.10	1.82	3.19	6.20	13.66

续表

物料	平均粒径/μm	中位粒径 d_m/μm	筛下累积率/%				
			<10	<25	<50	<75	<90
2#催化剂	18.20	19.30	6.15	13.67	19.30	23.94	27.48
3#催化剂	24.17	25.20	10.86	18.73	25.20	30.64	35.34
4#催化剂	30.94	30.42	14.03	22.70	30.42	39.42	48.58
5#催化剂	56.34	44.09	16.00	26.25	44.09	81.74	112.8

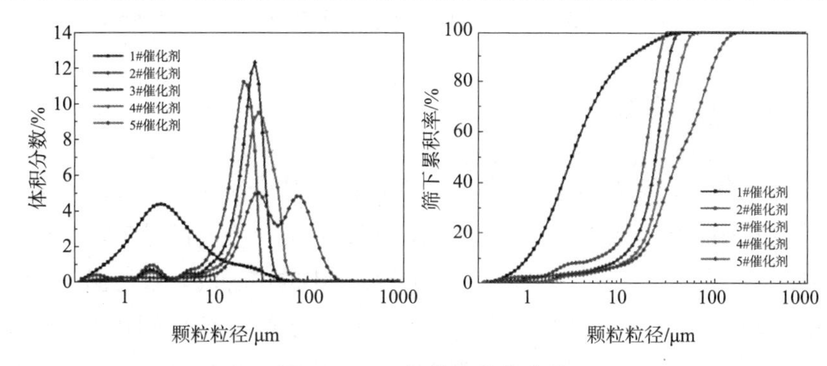

图3-1　颗粒粒度分布曲线

3.2　实验装置

3.2.1　静态实验装置

静态实验装置的主体部分如图3-2和图3-3所示。装置主要由两部分组成：高压恒定直流电源（HVDC）和静电分离器。高压恒定直流电源作为能量输入部分，提供电压的范围为0~50kV。静电分离器由两个同轴心的圆柱形电极板形成电容器，内电极和外电极的直径分别为10mm和65mm。电极板之间的部分为分离区域，内部充满了玻璃制的填料。装置的底部设有滤网，其作用为防止填料随净化后的油浆一起从取样口排出，影响实验结果。滤网的材料为有机玻璃，目的是减小对电场的影响。滤网的下方是缓冲腔和取样口，用于取样测量实验结果。

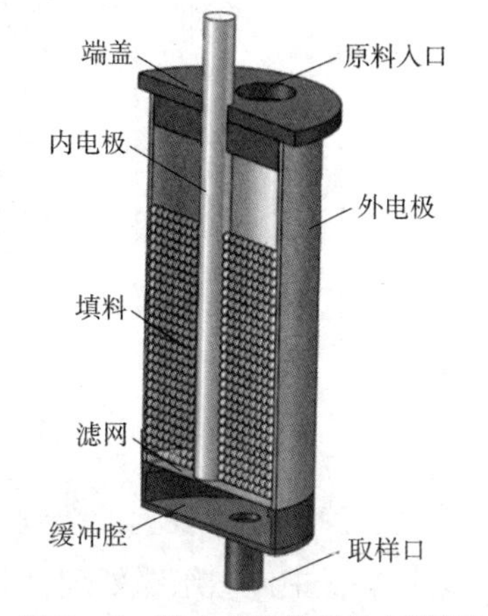

图3-2　静电分离器结构示意图

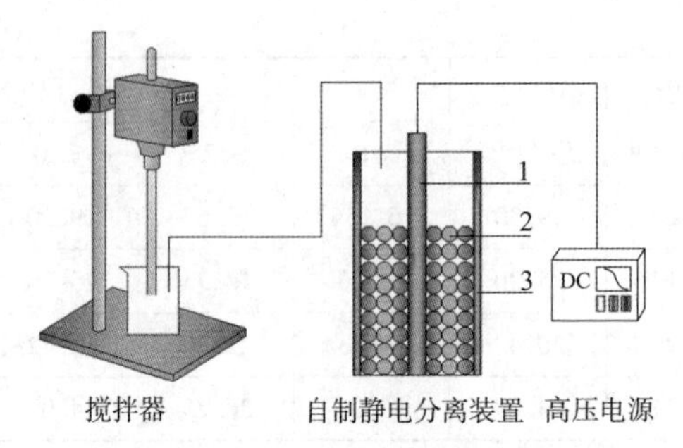

图3－3　实验装置流程示意图

3.2.2　动态实验装置

动态静电分离装置如图3－4所示，该装置从内到外分为三层，分别为分离层、加热层和保温层。保温层内填充隔热石棉，加热层内充满导热油，通过外接电加热棒、热电阻和温控仪等可保证内部分离层中的混合液处于恒温状态，后续实验的温度均为25℃。装置的顶盖开有若干孔，分别用于填充填料、放置中心电极以及排出混合液，顶盖与装置主体通过螺纹进行连接和密封，放置中心电极的孔洞与顶盖做绝缘处理。装置的内部由过渡的锥段和静电分离的柱段构成，两部分的分界处安放开有若干小孔的圆形挡板，可以防止填料堵塞下方开口和管道。过渡段可以保证混合液均匀缓慢地进入分离区域，降低流动的干扰。装置的顶盖和底部均设有不同开口，分别用于填充玻璃球填料、安放中心电极、排放加热层内的导热油、流入未净化的混合液以及排出净化完毕的混合液。

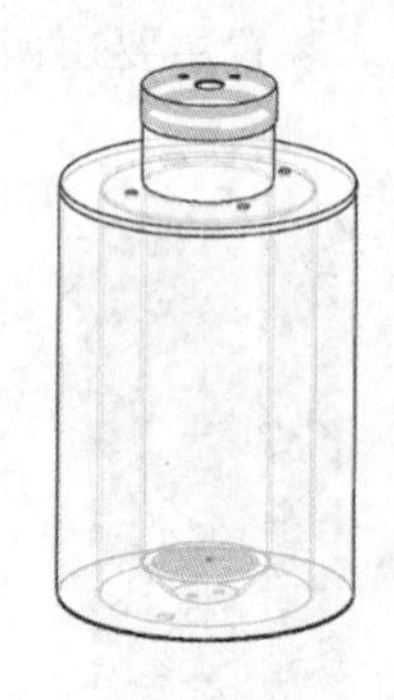

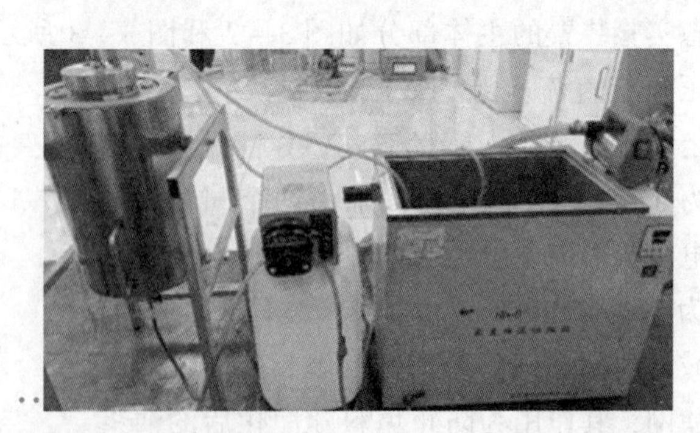

图3－4　动态静电分离装置

动态静电分离装置的分离层直径为120mm，中间安装直径14mm的铜电极棒，与装置主体做绝缘处理，分离层内充满填料。静电分离时，中心电极棒与电源连接作为静电分离的正极，而装置主体接地作为负极。

3.2.3 微观实验装置

为了深入研究催化剂颗粒在电场下的运动，设计并搭建了微观静电分离装置进行实验，实验装置如图3－5和图3－6所示。装置主体由有机玻璃板拼接而成，分为两个单元，可以分别进行独立实验。每个单元内放置若干球形玻璃填料，在上、下两侧各安插铜片电极。两个电极分别连接高压直流电源并接地，通过显微镜来观察装置中的催化剂颗粒在电场中的运动。

图3－5　自制动态微观静电分离装置

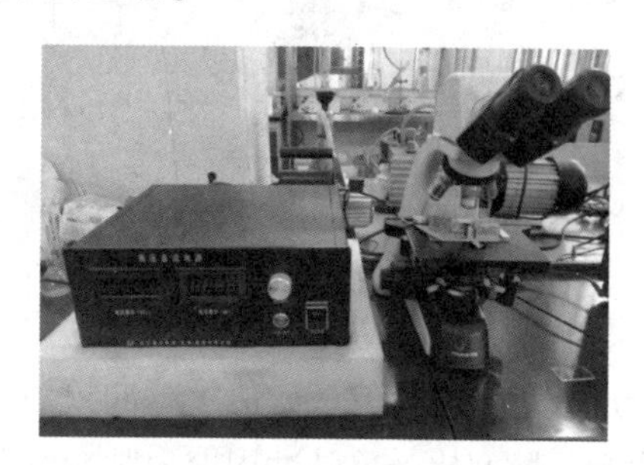

图3－6　动态微观静电分离实验装置

3.2.4 辅助实验装置

辅助实验器材包括高压直流电源、高压高频矩形脉冲电源、分析天平、恒温水槽、恒温油浴锅、真空干燥箱、搅拌器、真空泵等，其装置及仪器的型号如表3－3所示。

表3－3　辅助实验装置及仪器的型号

装置及仪器	型号
高压直流电源	DW－P503－1ACDF0
高压高频矩形脉冲电源	自制
分析天平	BSA224S 电子分析天平
恒温水槽	NAI－DC－0510 低温恒温循环槽
恒温油浴锅	HH－S6 数显恒温油浴锅
真空干燥箱	DZF－50 真空干燥箱
搅拌器	JJ－1A 数显恒速电动搅拌器
真空泵	2ZX－1 型旋片式真空泵
介电常数测量仪	PCM－1A
黏度计	NDJ－5SB
电导率测定仪	CM－11
抽滤器	—
索氏抽提器	—

(1)高压直流电源，额定输出电压为0～50000V，额定输出电流为0～1mA，为静电分离装置提供电压。

图3-7　高频矩形脉冲电源与升压变压器

(2)高压高频矩形脉冲电源包括高频矩形脉冲电源和升压变压器，如图3-7所示。升压变压器与高频矩形脉冲电源串联，将高频矩形脉冲电源产生的高频矩形脉冲电压升压变成高压高频矩形脉冲电压输出。

高频矩形脉冲电源理论电压输出波形示意图如图3-8所示，存在三个重要参数：电压幅值、脉冲频率和脉宽比。电压幅值(图3-8中U)，即矩形脉冲电压波形中电压的最大值；脉冲频率(脉冲周期的倒数)，即1s内脉冲周期出现的次数；脉宽比，单脉冲周期内脉冲宽度持续时间与脉冲周期持续时间的比值。

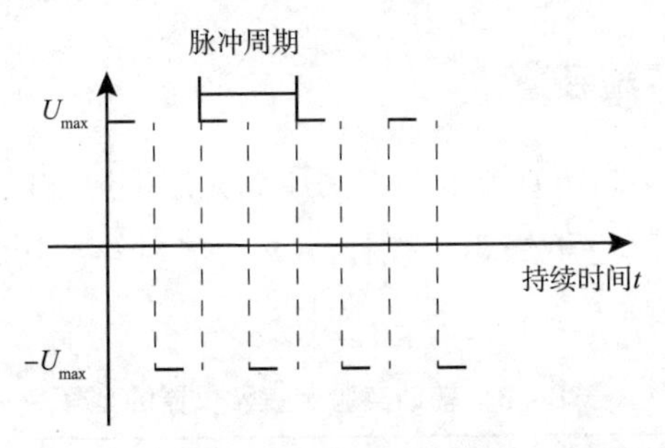

图3-8　高频矩形脉冲电源理论电压输出波形示意图

升压变压器升压比为100：1，电源参数如表3-4所示。

表3-4　电源参数表

电源参数	高频矩形脉冲电源	高压高频矩形脉冲电源
电压幅值U_{max}	10.1～40.4V	1.01～4.04kV
频率	0.9～3.9kHz	0.9～3.9kHz
脉宽比(占空比)	0.102～0.802	0.102～0.802

(3)分析天平是准确称量一定质量物质的仪器，一般是指能够精确称量到0.0001g(0.1mg)的天平。如图3-9所示，本实验使用BSA224S电子分析天平，其规格为量程220g，精度0.1mg，用于称量滤膜与催化剂粉末的质量，称量准

确、稳定。

(4)恒温水槽基于智能微机来控制水槽温度变化，使其始终处于恒温状态下。如图3－10所示，本实验使用NAI－DC－0510低温恒温循环槽作为控制索氏抽提器的冷凝装置，使用时作为低温循环，装置运行稳定、操作简便。

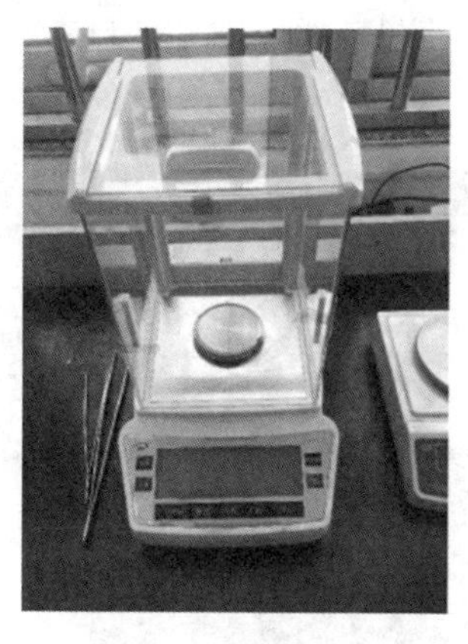

图3－9　分析天平

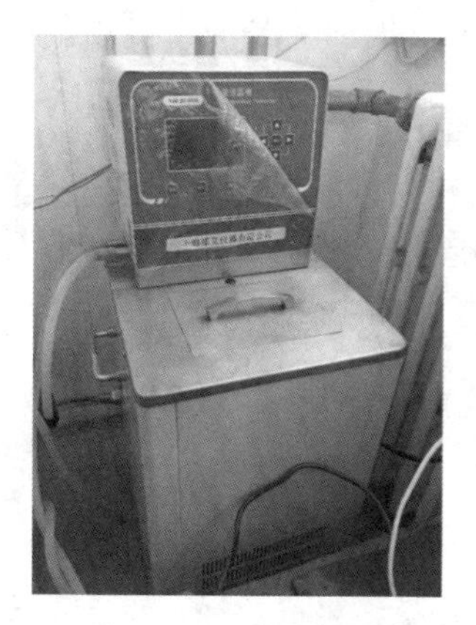

图3－10　恒温水槽

(5)恒温油浴锅基于高稳定性运算放大器和双积分高精度A/D转换技术采用红外加热技术，热平衡时间短，温度波动性小，均匀性好，LED显示准确、直观。如图3－11所示，本实验使用HH－S6数显恒温油浴锅，用于对索氏抽提器进行加热，装置运行稳定，可同时对多套索氏抽提器加热。

(6)DZF－50真空干燥箱(图3－12)调温范围为5～250℃，用于干燥滤纸。

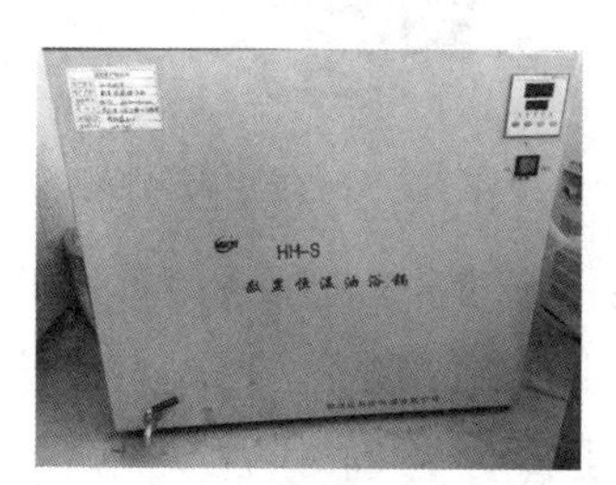

图3－11　恒温油浴锅

图3－12　真空干燥箱

(7)图3－13为实验用搅拌器，型号为JJ－1A数显恒速电动搅拌器，通过旋转的桨叶将导热油与催化剂颗粒充分混合，装置运行稳定且转速连续可调，搅拌效果良好。

(8)2ZX－1型旋片式真空泵(图3－14)为砂芯过滤器抽真空，加快过滤速率，其运行稳定且可长时间工作。

(9)PCM－1A型介电常数测量仪(图3－15)，内部采用89C51单片机为控制核心的设计方案，全部为进口集成电路芯片，具有重量轻、体积小、耗电小、性能稳定等特点。采用四位半 LED 数字显示，易读，便于计算。

(10)CM－11 型宽量程油料电导率测定仪(图 3－16)是用于各行业油料化验室精密测定液态烃、高洁净性或污染严重等各种油料(例如甲苯、变压器油、航空燃料、汽油、煤油、柴油、机油、食用油、润滑油、油漆涂料等)的电导性能。

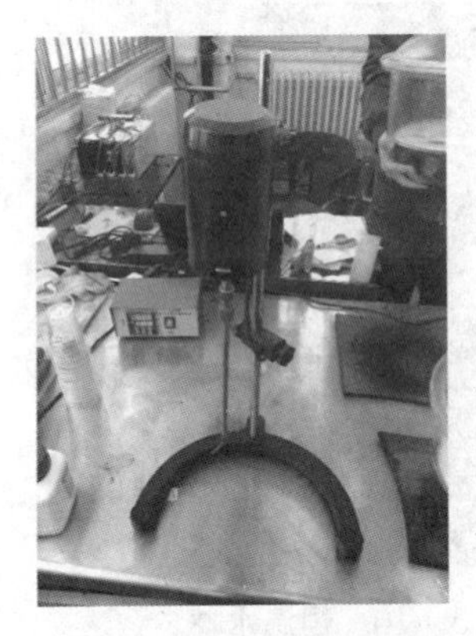

图 3－13　电动搅拌器

图 3－14　真空泵

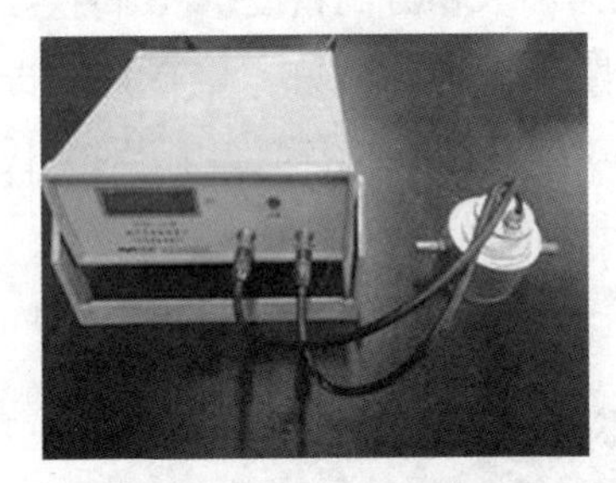

图 3－15　介电常数测量仪

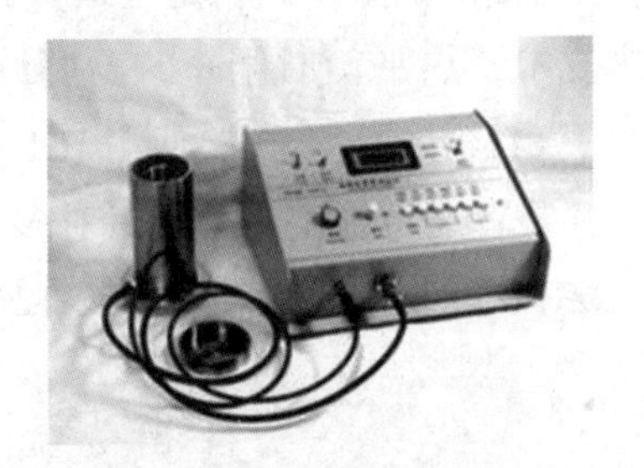

图 3－16　电导率测定仪

(11)NDJ－5SB 旋转式数字显示黏度计(图 3－17)，采用单片机控制，是具有数据采集、处理和汉字显示功能的智能化仪器。仪器按照设定的转速控制步进电机准确平稳地运转，并通过游丝带动转子转动。当转子没受到阻力时，转子和电机同步旋转；当转子受到被测液体阻力时，转子的旋转将滞后于电机。当游丝的张力与液体阻力达到平衡时，转子滞后于电机的张角是固定的，通过测量张角，根据设定的转速和转子，仪器计算出被测液体黏度并显示在液晶屏上。

此外，使用 HTP－312 型电子天平进行导热油的称量工作，使用图 3－18 所示的抽滤器分离经静电分离净化后油浆中的残留固相，使用图 3－19 所示的索氏抽提器将滤纸上的导热油去除。

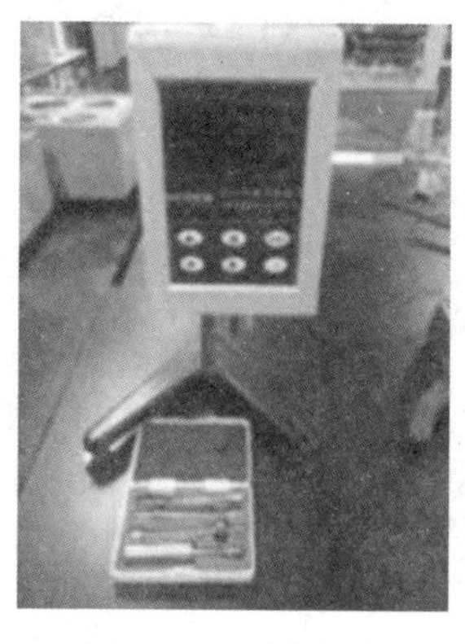

图3－17　黏度计

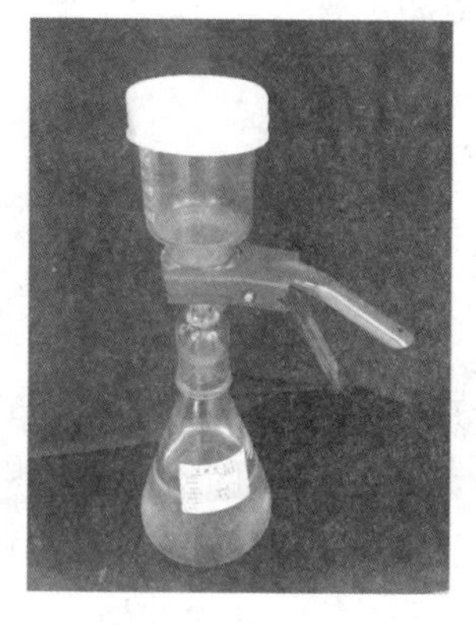

图3－18　抽滤器

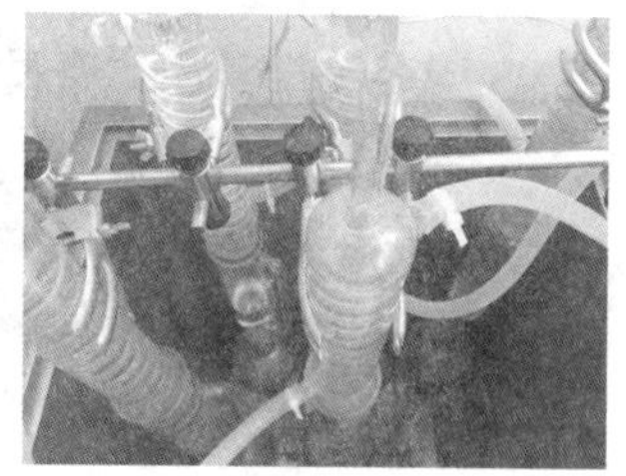

图3－19　索氏抽提器

3.3　实验方案

3.3.1　静态实验流程

图3－3为实验装置流程示意图。将配制混合液所需的导热油和催化剂按一定质量比置于烧杯中，使用JJ－1A数显恒速电动搅拌器进行搅拌，转速为600r/min，搅拌时间为40min，得到均匀的固液混合液。高压电源连接到静电分离装置，装置里装有填充材料，将搅拌好的混合液体加入静电分离装置中，混合液体中的催化剂颗粒在电场力作用下被吸附，通过取样口进行取样和卸料，使用有机系滤膜将样品中的催化剂颗粒抽滤出，经索氏抽提器将滤膜上的导热油吸附，然后经烘箱烘干称量、浓度计算可得到分离效率。

具体实验步骤为：

(1)将滤纸和有机系滤膜经真空干燥箱干燥后，放入真空干燥器中自然冷却后称重待用；

(2)根据实验需求配置一定浓度的混合液120g，置于500mL烧杯中，使用搅拌器进行搅拌，搅拌器转速设置600r/min，搅拌时间为40min；

(3)往静电分离装置中加入一定量的填料，开启高压直流电源(高频矩形脉冲电源)开关，调到所需电压(频率、脉宽比)，通电一定时间后将搅拌好的混合液注入静电分离装置中；

(4)吸附一定时间后，从取样口取样，称重后使用抽滤器进行分离，将带有催化剂的滤膜放入滤纸中，放入索氏抽提器将滤膜上的导热油去除；

(5)将抽提后的滤纸和滤膜放入真空干燥箱干燥，随后放入真空干燥器中自然冷却后称重；

(6)分析处理数据，得出分离效率。

3.3.2 动态实验流程

动态静电分离实验的实验流程示意如图3－20所示。实验之前先分别利用电子秤和电子天平称取所需质量的导热油和催化剂颗粒粉末，按照一定的比例放入油浴锅中，为防止催化剂颗粒沉降堆积在底部，利用电动抽油泵将油浴锅底部的混合液循环泵送至油浴锅顶部，保证催化剂分布均匀，将油浴锅设定到25℃，处理时间为30min，得到一定催化剂浓度的均匀混合液。

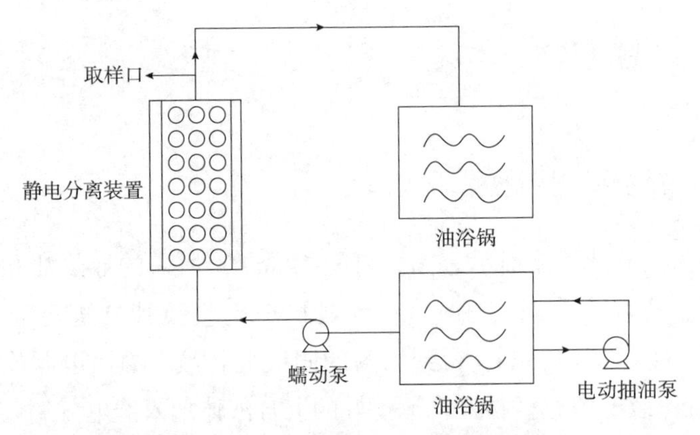

图3－20 动态静电分离实验流程示意

实验开始时，将一定量的填料装入动态静电分离装置，检查密封，然后调节温控仪的按钮到25℃。将静电分离装置的中心电极和外壳分别连接高压直流电源和接地，调整高压直流电源到指定电压值。将蠕动泵两端分别连接油浴锅和静电分离装置，设定为连续工作，调整到指定流量值，打开静电分离装置的各个阀门后开启蠕动泵并开始计时。混合液在蠕动泵的作用下被泵送进静电分离装置进行净化，混合液中的催化剂颗粒在电场力作用下被吸附到填料表面，净化完成后的混合液从静电分离装置顶部流出。根据出口处净化后的混合液是否重新流入油浴锅将实验分为动态循环静电分离实验和动态静电分离实验。前者主要通过长时间实验来测量装置的饱和吸附量；后者更贴合实际工业流程，主要用来测量分离效率随时间和不同参数的变化。

通过取样口进行取样后，利用玻璃砂芯过滤装置和有机滤纸将催化剂颗粒过滤出来，再利用索氏抽提器萃取滤纸上剩余的导热油，经真空干燥箱干燥后利用真空玻璃干燥器冷却到室温。最后用电子天平进行称重，根据实验前后滤纸质量的变化，可以测出取样的混合液中的催化剂颗粒浓度。

实验结束后，关闭高压直流电源、温控仪和油浴锅，将蠕动泵的流动方向按钮拨到反向，将装置中的混合液重新泵送回油浴锅中。待混合液排出完毕后，关闭蠕动泵以及各阀门，打开静电分离装置顶盖，将填料倒出并清洗烘干以循环利用，清洗装置内壁、顶盖内壁以及中心电极。

3.3.3　微观实验流程

实验介质选择含有一定量催化剂颗粒的导热油混合液，实验流程如下：

(1)实验开始前充分搅拌混合液，让催化剂颗粒分布均匀；

(2)将装置固定在显微镜的载物台上，并调节旋钮使装置的中心对准物镜；

(3)选择大小均匀、球形度较高的玻璃填料按一定的相对位置摆放在装置的中心；

(4)将装置两侧的铜片电极分别连接好高压直流电源和接地，并防止静电影响到显微镜和其他装置；

(5)用胶头滴管将混合液缓缓加入装置中，直至混合液没过玻璃填料，并防止速度过快影响玻璃填料的相对位置；

(6)将显微镜连接到计算机，选择合适的物镜倍数，并调节粗准焦螺旋和细准焦螺旋使计算机中出现清晰的画面，画面中心为填料的接触点附近；

(7)打开高压直流电源，调节到指定的电压，观察并记录画面，分析催化剂颗粒的运动。

3.3.4　测量及分析方法

本实验主要研究目标为静电分离前后混合液中的催化剂颗粒的含量变化。目前常用的固含量测量方法有灰分法、抽滤法、离心法和炭化灼烧法[109]。本实验使用抽滤法进行混合液中催化剂颗粒的浓度测定。抽滤法通过用溶剂对样品进行稀释，然后使用相应的滤纸进行抽滤，使样品中的固含物堆积在滤纸上，通过称重测量滤纸前后的质量变化即可获得固含物的质量。该方法测定准确、误差较小、操作简单且成本低廉。本实验所用的催化剂最小粒径为0.375μm，因此，选用0.22μm有机滤膜，可以有效减少误差，使测定结果更加准确。

本实验主要的测量指标为静电分离催化剂颗粒的效率和装置吸附催化剂颗粒

的总量。通过测量实验前后混合液中催化剂颗粒的浓度变化来计算分离效率和吸附总量，计算公式如下：

分离效率 δ 的计算公式：

$$\delta = \frac{c_2 - (m_2 - m_1)/m_3}{c_2} \times 100\% \tag{3-1}$$

吸附总量 m_T 的计算公式：

$$m_T = (c_1 - c_3)m \tag{3-2}$$

式中，c_1 为混合液中催化剂颗粒的初始浓度；c_2 为取样中的催化剂颗粒浓度；c_3 为实验结束后油浴锅中混合液的催化剂颗粒浓度；m 为混合液的总质量；m_1 为滤纸质量；m_2 为滤纸加催化剂颗粒的质量；m_3 为取样的质量。

3.4 静态实验结果分析

静态冷模采用与高温条件下的催化油浆物性相近的导热油作为实验介质，加入催化剂颗粒来模拟高温条件下催化油浆固液体系，开展了冷态催化油浆静电脱固模拟实验，重点研究分析了电极材料、填料介质、外加电场、分离时间等因素对静电分离效率的影响规律，为后续研究提供基础实验数据。

实验研究基本参数：

(1)结构参数：研究电极材料(铜电极、铁电极)、填料材料(玻璃球、陶瓷球)对分离效率的影响；

(2)物性参数：研究导热油性质、催化剂浓度及粒径对分离效率的影响；

(3)操作参数：研究极化时间、分离时间、外加电场、温度、分离级数对分离效率的影响；

(4)研究交流电源下静电分离规律，研究参数为：电压幅值、频率、脉宽比。

与直流电相比，交流电具有一定的频率。一方面，交流电场中电场方向的改变使一部分电能转变为导热油的内能，导热油黏度降低，有利于静电分离；另一方面，交流电场中电场方向的频繁变化可能使催化剂颗粒不能被充分地极化和吸附，不利于静电分离。结合现场实际，降低油浆的黏度可以通过加热或添加添加剂等方法实现，而对于电源最大的要求是其能提供稳定的电场，因此，目前静电脱固法中普遍采用直流电源。本书在采用直流电源开展实验研究的基础上，进一步基于交流电源对静电分离进行了初步探究。

3.4.1　结构参数对分离效率的影响

(1)电极材料对分离效率的影响

静电分离装置中与高压电源连接的中心电极与铜制薄片在静电分离装置中产生非均匀电场，使装置中的填料与混合液极化，由于中心电极体积较大，可能对静电分离装置中电场分布产生影响。因此，本实验保持静电分离装置外电极材料不变，改变中心电极材料，研究电极材料对静电分离效率的影响。利用两种常见的材料铜合金电极(简称铜电极)和铁铬合金电极(简称铁电极)进行实验。电极直径为10mm，在直流电源、极化时间10min、分离时间40min、处理量120g、玻璃球填料直径2～3mm、混合液浓度4g/kg的实验条件下进行实验，实验结果如图3－21所示。

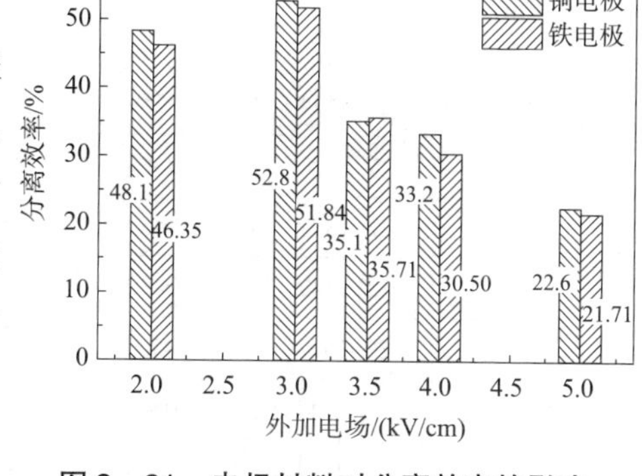

图3－21　电极材料对分离效率的影响

本书中，用平均电场强度E_{av}($E_{av}=V/r$)表示外加电场[此电场强度并非装置中实际电场分布，装置中电场为外加电场和退电场(填料极化产生的电场)叠加的效果]，其中r($r=3.25$cm)为静电分离装置的半径。由图3－21可知：在不同的外加电场下，中心电极为铜电极和铁电极的分离效率十分接近，相差值最大不超过2%，两种材料均在外加电场为3kV/cm时分离效率最高，当外加电场继续增大，分离效率反而降低。

由于铜材料和铁材料的电导率都很大，在本装置中产生的电压降都很小，当输入相同的电压时，其有效电压几乎相等。静电分离的原理是：外加电场将填料和催化剂颗粒极化，使得催化剂颗粒在外加电场和退电场的共同作用下被吸附到电场强度较大的填料接触点附近。当改变电极材料时，外加电场强度基本不变，所以填料极化效果不变，装置中电场分布不变，催化剂颗粒受到的介电泳力相近，因此，分离效率基本相同。本书中其他实验均使用铜电极。

(2)填料材料对分离效率的影响

静电分离实验装置中，不加填料时静电分离装置已形成一个辐射型的非均匀电场，混合液流经中心电极时，催化剂颗粒偶极子受库仑力向中心电极运动，从而被吸附。实验发现，静电分离装置中不添加填料时，在外加电场3kV/cm、分离时间 40min、处理量 120g、混合液浓度 4g/kg 时，分离效率为 16% 左右。原因为电场梯度较小，介电泳力太弱而无实用价值。因此，本实验在电极之间加入填料，在直流电源、极化时间 10min、分离时间 40min、处理量 120g、填料直径为 3～3.5mm、混合液浓度 4g/kg 的实验条件下，研究填料材料对静电分离效率的影响，实验结果如表 3－5 所示。

表 3－5　填料材料对分离效率的影响

外加电场/(kV/cm)	玻璃球			陶瓷球		
	取样质量/g	催化剂质量/g	分离效率/%	取样质量/g	催化剂质量/g	分离效率/%
2	23.5424	0.0559	40.64	19.2090	0.0512	33.36
	20.7820	0.0486	41.54	20.2086	0.0548	32.21
3	22.1899	0.0459	48.29	14.8114	0.0391	34.00
	22.1647	0.0450	49.24	18.2215	00474	34.97
3.5	22.3615	0.0500	44.10	21.4706	0.0490	42.95
	27.7744	0.0598	46.17	15.8759	0.0359	43.47
4	22.9374	0.0603	34.28	18.6231	0.0500	32.88
	24.7763	0.0639	35.52	19.8474	0.0511	35.63
5	22.1187	0.0596	32.67	20.6181	0.0546	33.80
	24.0135	0.0677	29.51	17.5275	0.0473	32.53

实验中，采用两种填料介质：玻璃球和陶瓷球，直径均为 3～3.5mm。从表 3－5 看出，添加两种填料后，分离效率都得到了明显的提高。这是因为填料在静电分离装置中会被极化，由极化产生的束缚电荷在接触点附近比较集中，在接触点附近此束缚电荷产生的退电场方向与原来的辐射电场相同，二者叠加从而使接触点附近电场梯度(不只是电场强度)大大增强，具有很强的吸附催化剂颗粒的能力。同时，填料能够产生大量的吸附点，从而提高了静电分离效率。

从表 3－5 可得，在相同实验条件下，玻璃球的分离效率比陶瓷球高。外加电场分别为 2kV/cm 和 3kV/cm 时，填料为玻璃球时的分离效率比填料为陶瓷球时的分离效率分别高 8.31% 和 14.28%，当外加电场增大时，填料为玻璃球和填料为陶瓷球的分离效率很接近。填料为玻璃球的最高分离效率比填料为陶瓷球的最高分离效率高，且随着外加电场的增大，两种填料的分离效率都先增大后减小。

陶瓷球的介电常数为 7 左右，玻璃球的介电常数为 5 左右[110]，陶瓷球比玻璃球更容易被极化产生束缚电荷，从而在填料接触点附近产生较大电场，但实验

结果却是陶瓷球的分离效率比玻璃球的分离效率低，主要原因为当填料的介电常数较大时，能够满足静电分离的要求后，填料的表面粗糙度成为影响分离效率的重要因素。表面粗糙度对填料接触点的几何形状影响很大，两个填料的接触点处形成的尖劈越尖锐，束缚电荷形成的局部电场梯度就越大，从而使催化剂颗粒受到的介电泳力越大，越有利于吸附[86]。因为玻璃球的表面光洁度比陶瓷球好，接触点处形成的尖劈更加尖锐，所以尽管玻璃球的介电常数比陶瓷球的略小，但形成的实际电场强度比陶瓷球的较大，因此，在相同的实验条件下，填料为玻璃球时的分离效率高。

(3)填料直径对分离效率的影响

静电分离装置中添加填料可以增加吸附点，减少混合液中催化剂颗粒的移动距离，本实验使用玻璃球作为填料，研究填料直径对分离效率的影响。在直流电源、极化时间 10min、分离时间 40min、处理量 120g、外加电场 3kV/cm、混合液浓度 4g/kg 的实验条件下，实验结果如图 3 – 22 所示。

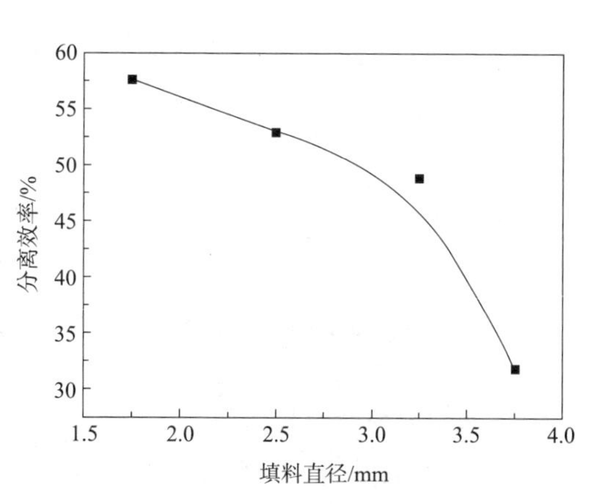

图 3 – 22　填料直径对分离效率的影响

在图 3 – 22 中，四种填料直径分别为 1. 5 ~ 2mm、2 ~ 3mm、3 ~ 3. 5mm 和 3. 5 ~ 4mm，由图可知，在实验范围内，静电分离效率随着填料直径的增大而减小，填料直径为 1. 5 ~ 2mm 时，分离效率最高，为 57. 59%，当填料直径为 3. 5 ~ 4mm 时，分离效率迅速降低为 31. 78%。

填料直径越小，玻璃球之间的空隙越小，混合液中催化剂颗粒的移动距离越短，接触点越多，从而吸附点越多；填料曲率半径越小，荷电密度越大，电场强度越大，从而增强了填料的吸附能力，分离效率增大。填料直径较大，填料空隙大，填料的曲率半径变大，电场强度较小。但如果填料直径太小，空隙率降低，处理量较小，并且阻力增大，填料易饱和，填料反冲洗频率增高，且反冲洗难度增大，成本增加。

静电分离装置中混合液存在的区域可以分为两部分：一部分混合液中的催化剂颗粒大多能够被吸附到填料接触点附近，定义其为有效分离区域；另一部分区域中的催化剂颗粒基本不能被吸附。由于在填料接触点附近能够形成较大的电场梯度，填料接触点附近区域内催化剂颗粒受到的介电泳力较大，因此更容易被吸附。随着至接触点距离的增大，电场强度迅速减弱，催化剂颗粒受到的介电泳力迅速减小，当其不能克服导热油对其的黏滞作用时，则不能被吸附。各种参数对分离效率的影响实际上是对有效分离区域和导热油所占空间的影响，就填料直径对分离效率的影响进行分析，表3-6为不同直径填料的空隙率。从表3-6可以看出，填料直径为1.5~2mm时，空隙率为32.91%，填料直径为3.5~4mm时，空隙率为40.13%，空隙率随着填料直径的增大而增大。随着填料直径的减小，在相同的体积下，导热油所占的总空间减小，由于填料直径减小，催化剂颗粒距离填料接触点的平均距离减小。因此，大部分催化剂颗粒能够受到较大的介电泳力，即有效分离区域占导热油所占空间的比例增大，分离效率提高。

表3-6 不同直径填料的空隙率

填料直径/mm	1.5~2	2~3	3~3.5	3.5~4
空隙率/%	32.91	35.63	38.05	40.13

3.4.2 物性参数对分离效率的影响

(1)催化剂浓度对分离效率的影响

为研究油浆中催化剂颗粒浓度对分离效率的影响(油浆中颗粒浓度为2~6g·L^{-1})，本实验分别配制催化剂颗粒浓度为2g/kg、3g/kg、4g/kg、5g/kg、6g/kg的混合液，在直流电源、极化时间10min、分离时间40min、处理量120g、外加电场3kV/cm的实验条件下，研究在两种不同玻璃球填料直径下催化剂颗粒浓度对分离效率的影响，实验结果如图3-23所示。

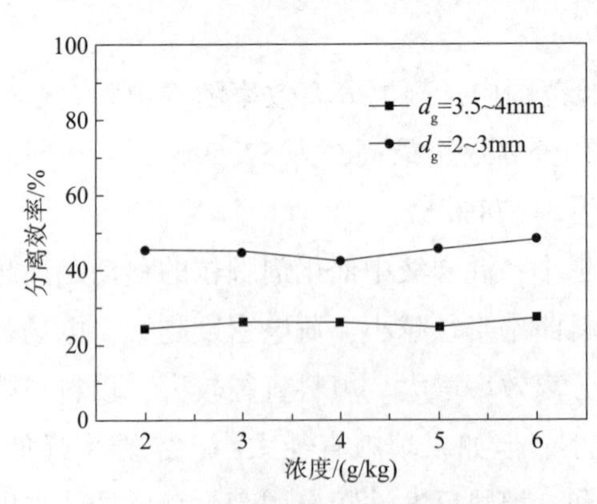

图3-23 颗粒浓度对分离效率的影响

由图3-23可知，在填料直径为2~3mm和3.5~4mm的实验条件下，在实验范围内，分离效率随催化剂颗粒浓度的增大基本不变。主要原因为催化剂颗粒浓度不会改变静电分离装置内电场强度的分布，即同一位置颗粒所受介电泳力不变，在装置吸附较少催化剂颗粒时，由于装置吸附能力没有达到饱和，催化剂颗粒能否被吸附主要与其空间位置有关，即催化剂颗粒是否处于有效分离区域。通过图 3－23 可以看出，填料直径为 2～3mm 时的分离效率比填料直径为 3.5～4mm 时高，即填料直径为 2～3mm 时有效分离区域所占比例比填料直径为 3.5～4mm 时的大，因此，由于只改变催化剂颗粒浓度不会改变有效分离区域的大小，因此分离效率不变。

(2) 导热油对分离效率的影响

本实验用导热油与催化剂颗粒形成的混合液代替油浆，在直流电源、极化时间 10min、分离时间 40min、处理量 120g、外加电场 3kV/cm、玻璃球填料直径 2～3mm、混合液浓度 4g/kg 的实验条件下，研究三种导热油物性对分离效率的影响，实验结果如表 3－7 所示。

表 3－7　导热油物性对分离效率的影响

	外加电场(kV/cm)	1#导热油	2#导热油	3#导热油
分离效率/%	3	42.85	58.77	36.99
	2	38.13	50.04	34.41

由表 3－7 可知，在相同实验条件下，2#导热油分离效率最高，1#导热油分离效率次之，3#导热油分离效率最低，主要原因为三种导热油的物性参数的差异。表 3－1 为三种导热油的物性参数，由表可知，三种导热油除电导率外其他参数都很接近，3#导热油电导率明显大于 1#导热油和 2#导热油。电导率增大，静电分离装置中电流增大，从而电压降增大，填料接触点附近电场强度降低，对催化剂颗粒吸附能力降低，因此，3#导热油分离效率最低。

在电场的作用下，导热油感应出与填料束缚电荷相邻但方向相反的束缚电荷，抵消了部分填料束缚电荷的作用[47]。由于束缚电荷量与外电场强度成正比，与电介质的介电常数成正比，因此，只要填料的介电常数比导热油的介电常数大，就有“点吸附”现象，且两者介电常数值相差越多，“点吸附”现象越明显(图 3－24)。由表 3－1 可知，2#导热油介电常数较小，其在填料接触点附近感应出的束缚电荷较少，填料接触点附近被抵消的电荷较少，因此填料接触点附近形成的电场强度较大。此外，2#导热油电导率较小，电压降低，综上，2#导热油分离效率比 1#导热油分离效率高。

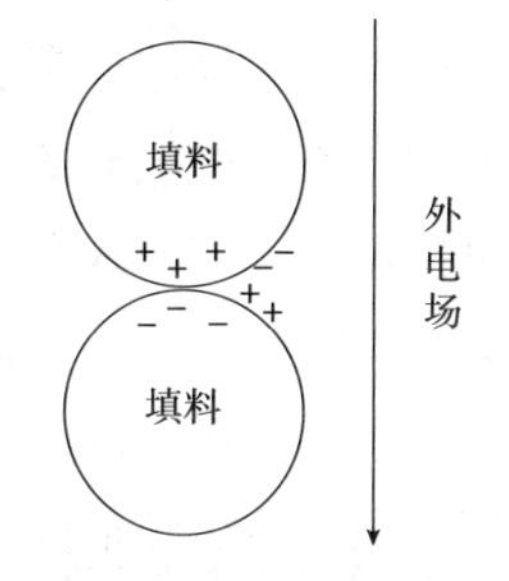

图 3－24　导热油在电场中的极化图

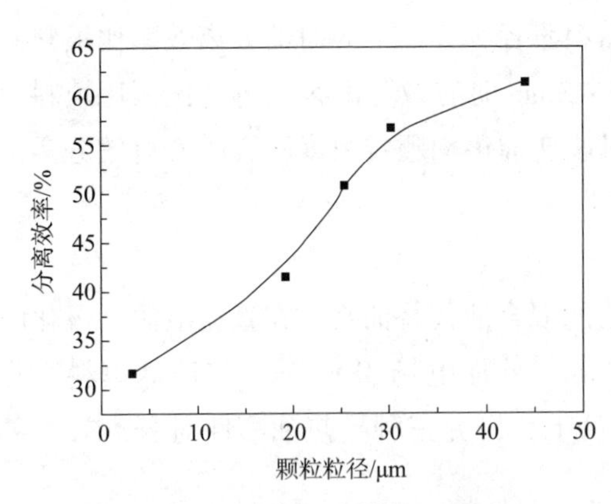

图3-25 颗粒粒径对分离效率的影响

(3)催化剂粒径对分离效率的影响

为了研究催化剂颗粒粒径对分离效率的影响，在直流电源、极化时间10min、分离时间40min、处理量120g、外加电场3kV/cm、玻璃球填料直径3.5~4mm、混合液浓度4g/kg的实验条件下进行实验，实验结果如图3-25所示。

在静电分离装置中，基于低固体浓度，忽略颗粒之间相互作用的影响，催化剂颗粒主要受到介电泳力、有效重力、黏滞阻力的作用。介电泳力与催化剂颗粒粒径为三次方关系，为驱动力；黏滞阻力与颗粒粒径为一次方关系，为阻力；由于填料吸附点位置的不确定性，有效重力既可能是驱动力也可能是阻力。催化剂颗粒粒径变大后，其受到的介电泳力快速增大，并占主导作用，更容易被吸附到填料接触点附近，有效分离区域增大，在填料直径不变的实验条件下，导热油所占空间不变，所以有效分离区域占导热油所占空间的比例增大，分离效率随着催化剂颗粒粒径的增大而增大。本书课题组[90]研究了在一定的实验条件下，催化剂颗粒运动速度与催化剂颗粒粒径的关系，研究发现，催化剂颗粒运动速度随催化剂颗粒粒径的增大而增大，因此，在相同的分离时间下，分离效率随催化剂颗粒粒径的增大而增大。

3.4.3 操作参数对分离效率的影响

(1)极化时间对分离效率的影响

实际工况下，静电分离装置除反冲洗外是连续工作的，在待处理的催化裂化油浆进入装置前，静电分离装置中需形成稳定的电场。本节为冷模实验，每次实验都要更换填料，在加入混合液之前需要先通电使装置形成稳定电场，定义该通电时间为极化时间，所以，需要研究极化时间对分离效率的影响，以期找到最优的极化时间。在直流电源、分离时间40min、处理量120g、外加电场3kV/cm、混合液浓度4g/kg的实验条件下进行实验，实验结果如图3-26所示。

静电分离装置中，填料的极化过程需要一定的时间，即在外加电场的作用下，填料表面开始产生束缚电荷，束缚电荷在填料接触点附近能够产生较大的电场，从而又影响其他填料的极化，因此，静电分离装置中形成稳定的电场需要一定的时间。由图3－26可知：在玻璃球填料直径分别为2～3mm、3.5～4mm两种实验条件下，分离效率在极化时间为10min后就保持稳定，为节约实验资源，极化时间取10min。

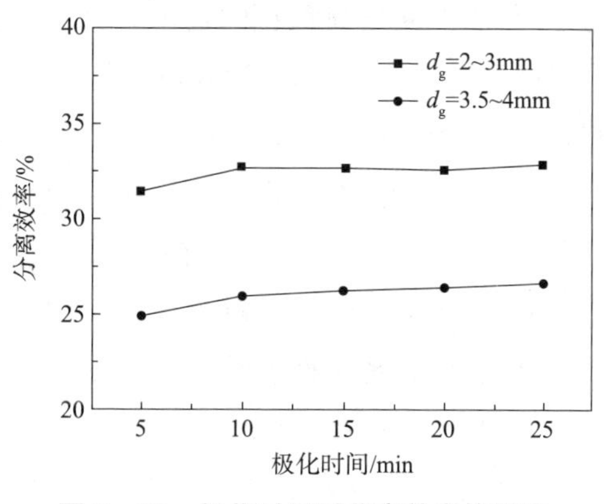

图3－26　极化时间对分离效率的影响

(2)分离时间对分离效率的影响

在直流电源、极化时间10min、分离时间40min、处理量120g、外加电场3kV/cm、混合液浓度4g/kg的实验条件下进行实验，研究分离时间对分离效率的影响，实验结果如图3－27所示。

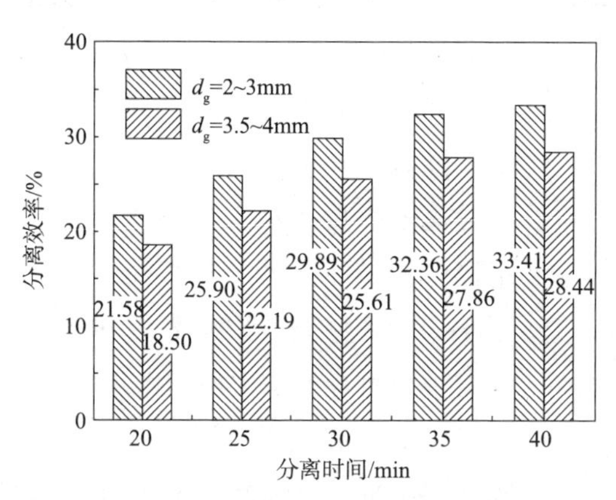

图3－27　分离时间对分离效率的影响

由图3－27知：在实验范围内，玻璃球填料直径分别为2～3mm、3.5～4mm两种实验条件下，静电分离效率均为先增大后趋于平稳，填料直径为2～3mm时的分离效率比填料直径为3.5～4mm时的分离效率高，在分离时间为35min之前，两种填料直径下分离效率都有明显的增大，当分离时间超过35min，分离效率减缓，基本保持不变。表3－8为分离时间为20～40min时平均分离速率表。从表3－8可得：在两种填料直径实验条件下，平均分离速率随着分离时间的增加而降低，尤其在35～40min时间段内，平均分离速率快速降低，分别只有0.21%/min和0.11%/min，与20～25min时间段相比，仅分别为其24.42%和14.86%。

表3－8　分离速率随分离时间变化表

分离时间段/min	分离速率/(%/min)	
	填料直径为2～3mm	填料直径为3.5～4mm
20～25	0.86	0.74
25～30	0.80	0.68
30～35	0.49	0.45
35～40	0.21	0.11

导热油中催化剂颗粒的荷电、移动、吸附是一个过程，随着分离时间的延长，静电分离效率增大。随着荷电能力的增强，较易吸附的颗粒净化速度加快，但对于荷电能力相对较弱的颗粒，其荷电量小，所受介电泳力难以抵消移动时所受到的黏滞阻力，难以被填料吸附，因此分离效率随时间的延长趋于平稳。随着时间的延长，富集到填料表面的催化剂颗粒逐渐增加，使体系的电导率逐渐增大，电压降增大，填料接触点附近场强降低，催化剂固体颗粒吸附聚集速度减缓，因此，分离效率趋于平稳。本书分离时间取40min。

(3)外加电场对分离效率的影响

在直流电源、极化时间10min、分离时间40min、处理量120g、混合液浓度4g/kg的实验条件下研究外加电场对分离效率的影响，实验结果如图3－28所示。

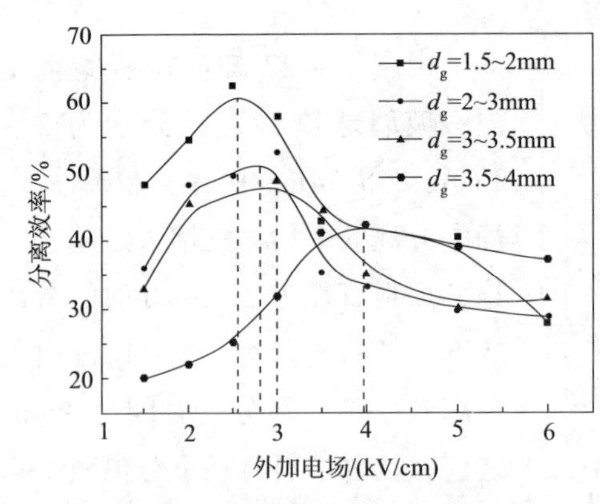

图3－28　外加电场对分离效率的影响

从图3－28可知：在玻璃球填料直径分别为1.5～2mm、2～3mm、3～3.5mm、3.5～4mm四种实验条件下，随着外加电压的增大，分离效率都是先增大后减小，且各种工况下的最高分离效率随着填料直径的增大而减小，最高分离效率所需的外加电场随着填料直径的增大而增大。

增加外加电场，可以提高静电分离装置中的电场强度，从而使填料极化出更多束缚电荷，在静电分离装置中产生更强的电场，催化剂颗粒受到的介电泳力增大，从而提高吸附效率。随着静电分离，在填料接触点和填料表面吸附的固体颗粒逐渐增多，电导率增加(击穿电压降低)。当外加电场超过击穿电压后，介电材料被击穿，形成通路，使得极化电压急剧下降，分离效率降低。

在实验范围内，随着填料直径的增大，各种实验条件下最高分离效率逐渐降低，且达到最高分离效率所需的外加电场值逐渐增大。这是因为：填料直径越小，其空隙率越小，外加电场较小时就能在较大比例空间产生较大的电场；而填料直径较大时，需要更大的外加电场吸附距离填料接触点较远的催化剂颗粒，且由于催化剂颗粒的运动速度很慢，有一部分催化剂颗粒不能被吸附，随着填料直径的增大，不能被吸附的区域增大。因此，随着填料直径的增大，最高分离效率逐渐降低且所需的外加电场值逐渐增大。

(4)温度对分离效率的影响

图3－29为导热油黏度随温度的变化曲线，导热油黏度随温度升高先快速减小后减缓，尤其是在20～30℃，导热油黏度值减小了一半。图3－30为导热油相对密度随温度的变化曲线，从图中可以看出，在20～60℃的温度范围内，导热油的相对密度随温度的升高呈线性降低的趋势。温度升高时，分子的自由能增加，热运动加剧，分子间缔合作用减弱，黏度降低，分子内平均距离增大，相对密度减小。

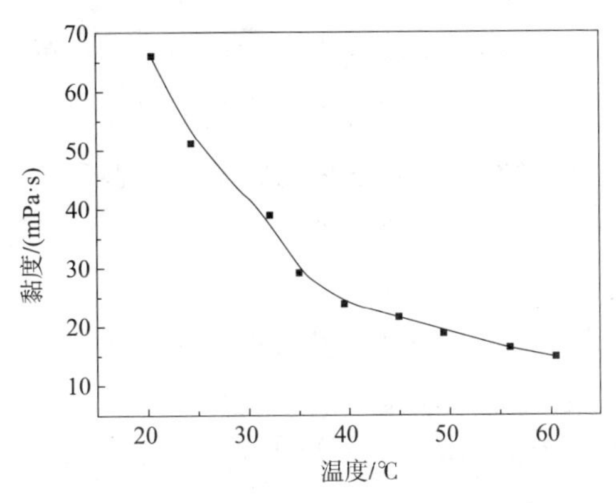

图3－29 温度对导热油黏度的影响

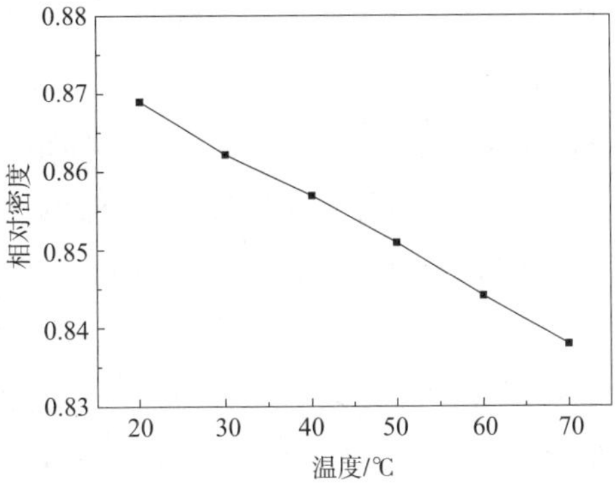

图3－30 温度对导热油密度的影响

本章实验为冷模实验，静电分离装置温度的精确控制较为困难，因此，相同实验参数在不同时期(实验周期较长，从夏天到冬天)所得的分离效率不同，主要是温度影响导热油黏度导致的，从而影响催化剂颗粒所受到的黏滞阻力。采用控制变量法研究各个因素对分离效率的影响，虽然整个研究时间跨度较长，但单个因素的研究是在短时间内完成的，可认为在此过程中温度不变。

在不同时期进行重复实验并记录温度，研究温度对分离效率的影响。实验条件为：直流电源、极化时间10min、分离时间40min、处理量120g、玻璃球填料直径2～3mm、外加电场4kV/cm、混合液浓度4g/kg。实验结果如表3－9所示。

表3－9 温度对分离效率的影响

温度/℃	取样质量/g	催化剂质量/g	分离效率/%
16	21.6415	0.0577	33.35
	20.9245	0.0559	33.21
24	23.0231	0.0569	38.21
	18.2706	0.0542	40.67

续表

温度/℃	取样质量/g	催化剂质量/g	分离效率/%
29	21.0568	0.0682	46.02
	21.8395	0.0670	48.87
35	20.6753	0.0368	55.50
	18.7687	0.0328	56.31

由表3－9可得：静电分离装置的分离效率随着温度的升高而增大，温度升高，导热油分子间作用力减弱，黏度降低，对催化剂颗粒的阻碍作用减小，在催化剂颗粒其他受力不变的情况下，其所受合力增大，更容易被吸附到填料接触点附近，降低黏度后，原先由于黏滞阻力无法被吸附的部分催化剂颗粒也能够被吸附。因此，随着温度的升高，分离效率逐渐增大。

(5)分离级数对分离效率的影响

静电分离装置单级分离效率有限，为了增加静电分离装置的实用性，本实验进行多级静电分离。在实验过程中，将上一级的出口液作为下一级的进口液，实验条件为：直流电源、极化时间10min、分离时间40min、填料直径2～3mm、外加电场3kV/cm、混合液浓度4g/kg。实验结果如表3－10所示。

表3－10　分离级数对分离效率的影响

静电级数	一级		二级		三级	
取样质量/g	18.5757	18.5967	18.1607	14.5158	12.8521	15.2717
催化剂质量/g	0.0460	0.0472	0.0219	0.01973	0.0110	0.0141
单级分离效率/%	38.03	36.61	31.77	29.42	8.80	10.95
总分离效率/%	38.03	36.61	69.80	66.03	78.60	76.98

由表3－10可知：随着分离级数的增加，总的分离效率提高，三级的分离效率可达80%左右，但随着级数的增加，单级分离效率越来越低，第三级的单级效率已经低至10%左右。静电分离装置中能够被吸附的催化剂颗粒主要分布在距离填料接触点较近的有效分离区域，在填料未达到吸附饱和之前，这些区域中的催化剂颗粒基本能够被吸附，也就是说，分离效率取决于能够被吸附的区域与导热油所占空间之比。由于实验条件相同，每级之间有效分离区域相同，而随着级数的增加，区域内催化剂颗粒的浓度及总数降低，能够被吸附的催化剂颗粒也随之减少，因此，分离级数越高，单级分离效率越低。从设备利用率的角度来看，多级分离虽然提高了分离效率，但经济性较差。

3.4.4　交流电源电场参数对分离效率的影响

目前，静电脱固法中普遍采用直流电源，对于交流电源的应用研究很少。本书在采用直流电源进行实验研究的基础上，针对交流电源(电压幅值、频率、脉宽比)对油浆静电脱固过程的影响进行了探索性实验。

(1)电压幅值对分离效率的影响

在铜电极、极化时间10min、分离时间40min、处理量120g、玻璃球填料直径3～3.5mm、混合液浓度4g/kg的实验条件下，交流电源频率为2.4kHz，脉宽比为0.498，改变电压幅值的大小，实验结果如图3－31所示。

由图3－31可知：电压幅值较低时，静电分离效率较低，随着电压幅值的增大，分离效率呈先增大后减小的趋势，电压幅值在2～2.5kV区间内，分离效率取得最大值。

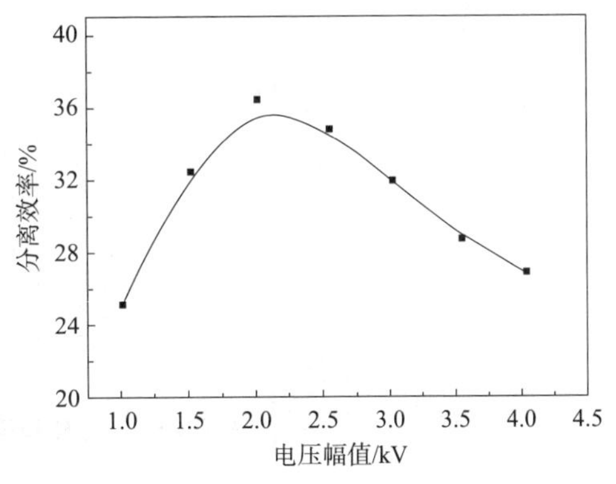

图3－31　电压幅值对分离效率的影响

在静电分离装置一定的情况下，电压幅值的高低决定着装置内部场强的大小。由静电分离机理可知，填料接触点附近在电场作用下形成较大的电场，催化剂颗粒在不均匀电场中受到介电泳力的作用向填料接触点附近移动，最终被吸附。实验中电压幅值的变化，影响的是填料间隙的电场强度分布，进而影响催化剂颗粒所受到的介电泳力。电压幅值较低时，填料间隙的场强较弱，催化剂颗粒受到的介电泳力较小，只有靠近填料接触点附近的催化剂颗粒才能被吸附，所以分离效率低。随着电压幅值的增加，静电分离装置的场强增大，催化剂颗粒受到的介电泳力增大，使得距离填料接触点较远的催化剂颗粒也能克服黏滞阻力到达填料接触点附近，分离效率增大。

填料接触点附近的场强随电压幅值的增大而增大，使得催化剂颗粒所受的介电泳力增大，但是随着电压幅值的逐渐增大，介电材料容易被击穿，形成通路，使有效极化电压下降，分离效率降低。

图3－32为功耗随电压幅值的变化图。由图可知：在电场频率及脉宽比一定时，电流随着电压幅值的增加呈线性增加的趋势，功率随着电压幅值的增加呈指数增加的趋势。电路元件不改变时，电路电流及功率随电压幅值的变化如

式(3-3)和式(3-4)所示。由式(3-4)可知，电路的电阻值不变时，功率与电压幅值的平方成正比。在实验装置不变的情况下，电路的总电阻值恒定，故功率随电压幅值的增大将大幅增加。从能量的角度分析，电压幅值增加，作用于静电场的电能增加，导致功耗大幅增加。

$$I = \frac{U}{R} \times n \tag{3-3}$$

$$P = \frac{U^2}{R} \times n \tag{3-4}$$

式中，I 为电流，A；U 为电压，kV；R 为电阻，Ω；n 为脉宽比；P 为功率，kW。

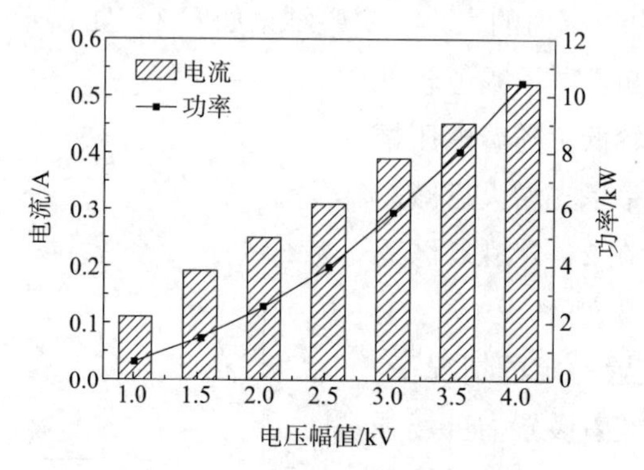

图3-32　功耗随电压幅值的变化

(2)频率对分离效率的影响

催化剂颗粒在静电分离装置中被吸附的原理为外加电场使填料极化，在填料接触点附近形成较强的场强，催化剂颗粒被场强极化，从而在介电泳力的作用下向填料接触点附近移动，进而被吸附。在交流电场下，随着频率的增大，填料极化电荷变换加快，影响填料产生的场强以及催化剂颗粒受到的介电泳力。导热油在电场作用下会产生极化，而充分的极化需要一定的时间，对于直流电场来说没有任何问题，但是对于交流电场，由于存在阻碍电偶极矩运动的各种阻尼作用，极化强度的变化跟不上电场的变化，存在弛豫现象。电介质在交流电场作用下，将一部分电能直接转化为电介质内能的过程为电介质损耗，电介质损耗的直接结果是增加电介质的内能。

在极化时间10min、分离时间40min、处理量120g、玻璃球填料直径3～3.5mm、混合液浓度4g/kg的实验条件下，采用交流电源进行实验。交流电源相关参数设定为：脉宽比0.498、电压幅值2.02kV。通过改变频率研究其对分离效率的影响，实验结果如图3-33所示。

由图3－33可知：在频率为0.9～4kHz的范围内，静电分离效率随着交流电源频率的增加而减小。如前分析，一方面，频率增大，导热油的黏度降低，对催化剂颗粒的黏滞阻力减小，有利于催化剂颗粒的吸附；另一方面，频率增大，填料之间较难形成稳定的电场来吸附催化剂颗粒，催化剂颗粒的极化电荷也变化很快，从而无法受到足够的介电泳力。因此，在实验范围内，频率升高降低导热油黏性的作用低于频率对催化剂颗粒介电泳力的影响，所以，静电分离效率随频率的增大而减小。

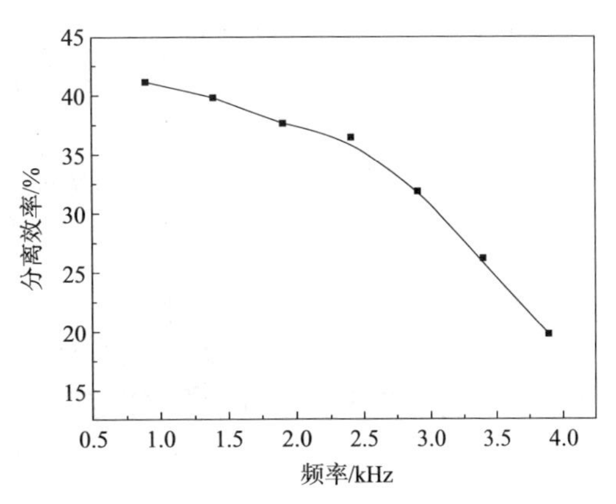

图3－33　频率对分离效率的影响

将静电分离装置正负电极间简化为电容，电路中其他的电阻元件简化为内阻 R_0，将整个电路简化为电容 C 与电路内阻 R_0 串联的线路，实验线路电路示意如图3－34所示。假设实验中静电分离装置的电容值基本不变，静电分离装置的容抗值 X_c 如式(3－5)所示，电路的阻抗值 Z 如式(3－6)所示。

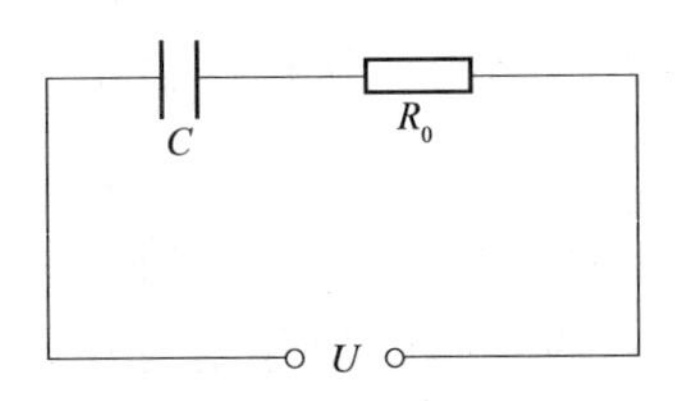

图3－34　实验线路电路简化图

$$X_c = \frac{1}{2\pi\omega C} \tag{3-5}$$

$$Z = R_0 + X_c \tag{3-6}$$

式中，X_c 为容抗，Ω；C 为电容，F；ω 为频率，Hz；Z 为阻抗，Ω；R_0 为电阻，Ω。

图3－35给出了功耗随电场频率的变化趋势。由图可知：电流值及功率值均随着电场频率的升高而增大。

图3－34的电路电流及功率的计算公式如式(3－7)和式(3－8)所示。电路电压及脉宽比保持不变时，频率增大，静电分离装置的阻抗减小，故电流值增大，功率值增大。

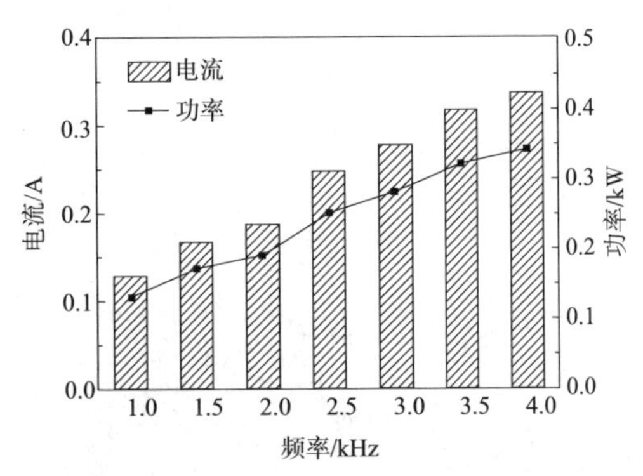

图3－35　功耗随电场频率的变化

$$I = \frac{U}{Z} = \frac{U}{R_0 + \frac{1}{2\pi\omega C}} \quad (3-7)$$

$$P = UI = \frac{U^2}{R_0 + \frac{1}{2\pi\omega C}} \quad (3-8)$$

(3)脉宽比对分离效率的影响

在极化时间10min、分离时间40min、处理量120g、玻璃球填料直径3～3.5mm、混合液浓度4g/kg的实验条件下，研究交流电源的脉宽比对分离效率的影响。交流电源参数设置为：电压幅值2.02kV，频率0.9kHz。实验结果如图3－36所示。

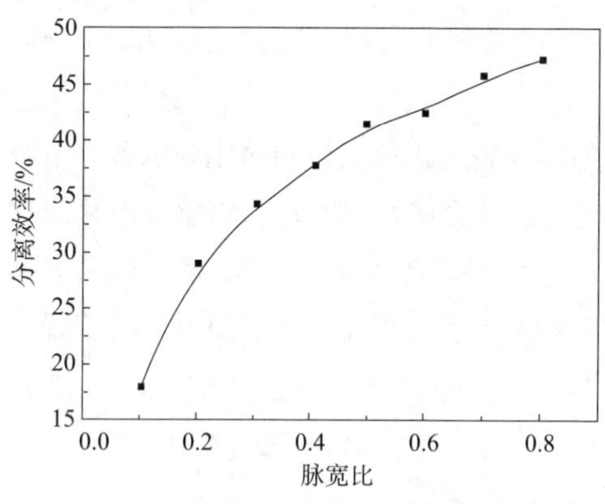

图3－36　脉宽比对分离效率的影响

由图3－36可知：静电分离效率随着脉宽比的增大逐渐增大。其原因是：脉宽比较小时，交流电对填料作用时间较短，填料之间不能形成稳定电场或形成电场持续时间太短不能使大多数催化剂颗粒被吸附；增大脉宽比，填料有较多的时间形成稳定电场，从而使催化剂颗粒受到持续的介电泳力。因此，随着脉宽比的增大，静电分离效率增大。

图3－37给出了功耗随脉宽比的变化趋势。由图可知：随着脉宽比的增大，电流和功率逐渐增大，其中，对功率的影响较大，因为随着脉宽比的增大，增加了电场的作用时间，导致功率增大。

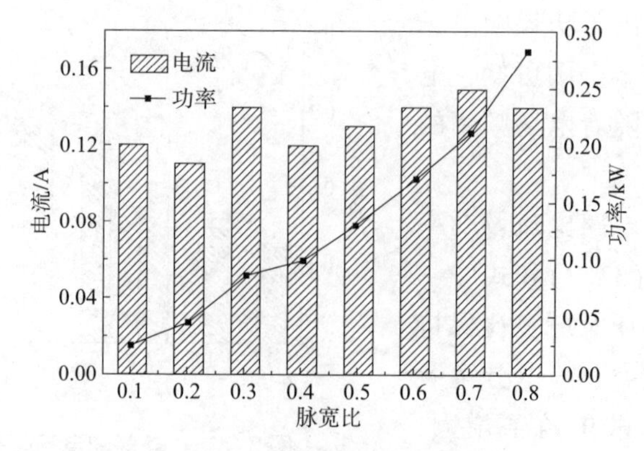

图3－37　功耗随脉宽比的变化

3.4.5 静电分离装置分离性能预测模型

静电分离装置在分离油浆中微小催化剂颗粒方面占据重要的地位，而各参数对其分离性能的影响极其重要，掌握各参数与分离性能之间的关系，对指导静电分离装置的设计与运行至关重要。目前，从理论上难以直接推导出预测分离性能的数学模型，主要通过实验探索并结合回归分析的方法，对静电分离装置的分离性能进行研究，即通过改变结构参数、操作参数及物性参数等获得大量实验数据，通过理论分析，将分离效率与相关参数进行关联，得到一些经验或半经验公式，以预测静电分离装置的分离效率。

之前实验结果表明：对于一套固定的静电分离装置，影响其分离效率的主要因素为填料直径和外加电场。因此，通过对大量实验数据的非线性拟合，得到如式(3－9)所示的经验公式。

$$e = \frac{(p_1 + p_2 \times E + p_3 \times d_g + p_4 \times d_g{}^2)}{(1 + p_5 \times E + p_6 \times E^2 + p_7 \times d_g + p_8 \times d_g{}^2)} \tag{3-9}$$

式(3－9)中参数值如表3－11所示。

表3－11 式(3－9)参数值列表

参数	参数值
p_1	40.69440584
p_2	－0.51875215
p_3	－37.46828251
p_4	9.23377806
p_5	－0.05103087
p_6	0.00880589
p_7	－0.89993599
p_8	0.22260468

为了验证式(3－9)的合理性，进行了相关的验证性实验，实验结果如表3－12所示。

表3－12 分离效率计算值与实验值对比表

外加电场/(kV/cm)	填料直径/mm	计算值/%	实验值/%	相对误差/%
2.50	3～3.5	42.83	44.62	4.18
3.25	3～3.5	41.76	40.17	3.81

续表

外加电场/(kV/cm)	填料直径/mm	计算值/%	实验值/%	相对误差/%
3.75	3~3.5	40.42	36.52	9.65
2.50	2~3	49.90	52.86	5.93
3.25	2~3	44.44	47.35	6.55
3.75	2~3	37.74	40.28	6.73

从表3-12可以看出：计算值与实验值相对误差在3.81%~9.65%，平均相对误差为6.14%。因此，式(3-9)是合理的。该模型为静电分离装置的预测模型提供了思路，且模型修改后可直接应用于类似静电分离装置。

3.5 动态循环实验结果分析

为了研究动态静电分离装置对于催化剂颗粒的饱和吸附量，需要进行长时间的动态循环静电分离实验，将装置出油口处流出的净化后的混合液重新返回到油浴锅中，让催化剂颗粒进行长时间的循环吸附。经过长时间的实验后，催化剂颗粒的吸附达到饱和，此时测量油浴锅中混合液的催化剂浓度，根据前后的浓度差来获得不同参数下装置的饱和吸附量。实验主要分析了催化剂颗粒浓度、电压、填料量和进口流速等参数对饱和吸附量的影响。

在动态静电分离实验中，由于实验时间较长且混合液黏度较低，催化剂颗粒会出现沉降的现象，影响分离效率，因此，首先对催化剂颗粒的沉降进行实验研究。

3.5.1 沉降对分离效率的影响

催化剂颗粒的沉降效果与催化剂颗粒粒径、混合液流速、催化剂颗粒浓度、混合液黏度等因素有关。当催化剂颗粒的浓度较高时，催化剂颗粒有更大概率聚集成团，进而加速沉降；当混合液的流速较大时，由于混合液的流动方向与催化剂颗粒重力沉降方向相反，因此会阻碍催化剂颗粒的沉降。本实验选用统一粒径的催化剂颗粒，中位粒径为3.02μm。混合液温度为25℃，且后续实验固定催化剂颗粒浓度为8g/kg，因此，沉降效果仅与混合液的流速，即进口流量相关。在不施加外电场的情况下，研究了不同进口流量下催化剂颗粒的沉降情况。

实验在铜电极、电极直径16mm、无电压、无填料、总混合液量25kg、室温

25℃的条件下进行，改变进口流量的大小，出口净化后的混合液不返回油浴锅，实验时间为120min，每间隔30min取样测试分离效率，实验结果如图3-38所示。

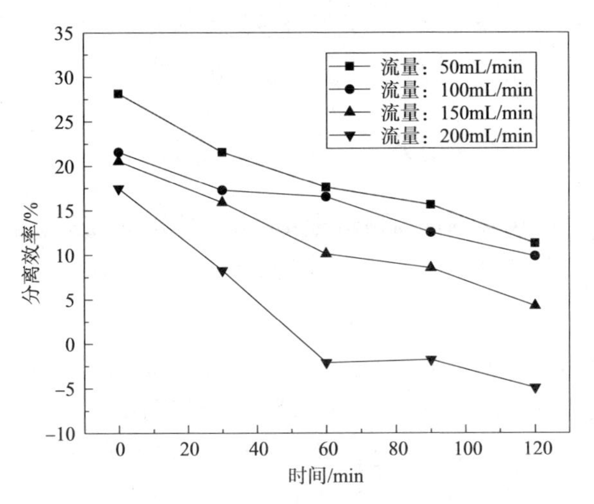

图3-38　不同流量时催化剂颗粒的沉降效果

出口净化后的混合液返回油浴锅，实验时间为6h，每间隔1h取样测试分离效率，实验结果如图3-39所示。

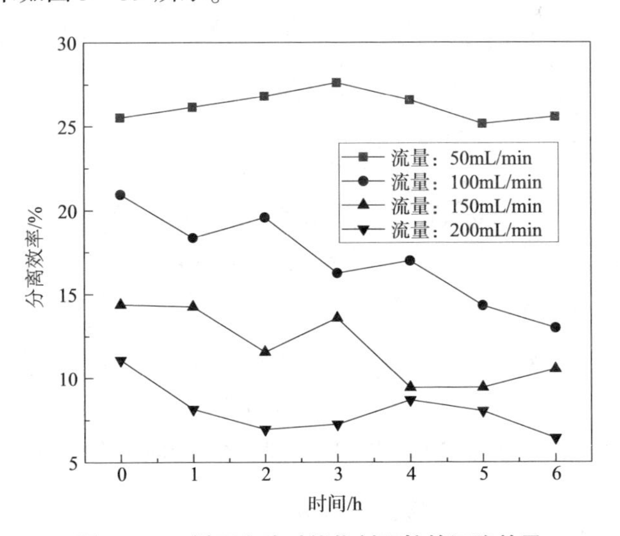

图3-39　循环实验时催化剂颗粒的沉降效果

由图3-39可以看出：在动态静电分离实验中，催化剂颗粒沉降作用的分离效率在10%~30%。在实验过程中，随着时间的推移，测量到的催化剂颗粒的分离效率逐渐降低，这是因为装置中的催化剂浓度逐渐升高，导致计算得到的分离效率下降。而在动态循环静电分离实验中，沉降作用的分离效率则更为稳定，这是因为后续低浓度的混合液进入装置中和了装置中的高浓度混合液。

在两种实验中，沉降作用的分离效率都随着流量的增大而降低，这是因为流量增大后，装置的进口流速增大，且混合液的流动方向与催化剂颗粒的重力方向相反，混合液流动产生的曳力对催化剂颗粒的沉降起到了抑制作用。

3.5.2 动态循环静电分离实验时间的确定

在动态实验过程中，催化剂颗粒的吸附和脱落处于动态过程，装置需要较长时间达到饱和，即催化剂颗粒的吸附和脱落处于动态平衡状态。为确定统一的实验时间，当催化剂颗粒浓度变化不明显时，认为装置达到饱和，以此来研究同等时间内不同参数时装置的吸附能力。

实验在铜电极、电极直径16mm、玻璃填料直径3～3.5mm、混合液浓度8g/kg、进口流量100mL/min、电压值10000V、填料量100%、总混合液量25kg、室温25℃的条件下进行，出口净化后的混合液重新返回油浴锅，实验时长为20h，实验结果如图3－40所示。

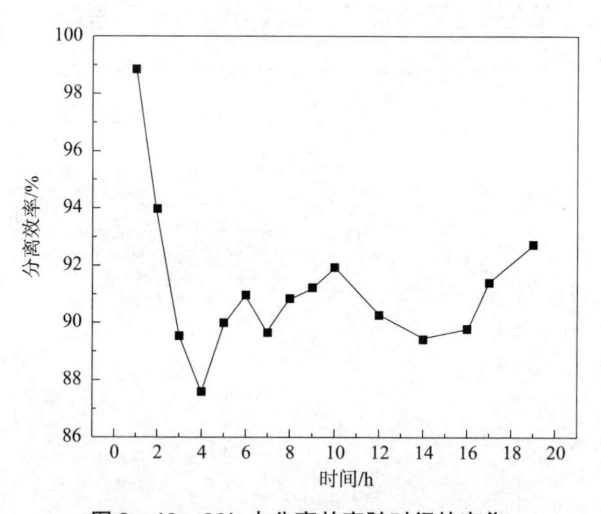

图3－40 20h内分离效率随时间的变化

由图可知：随着时间的推移，静电分离效率先降低，在4h时达到最低，然后逐渐升高，在8h左右稳定，最终在90%附近振荡。

在循环实验过程中，当混合液第一次通过装置时，填料上未吸附催化剂颗粒，此时装置的吸附能力最大，分离效率最高。随着实验的进行，由于不能完全吸附进入装置的混合液中所有的催化剂颗粒，所以，随着新的混合液进入装置，装置内的催化剂颗粒浓度逐渐升高，导致测量出的分离效率下降。随着填料吸附越来越多的催化剂颗粒，净化后的混合液返回油浴锅中，油浴锅内的混合液中催化剂颗粒浓度会逐渐降低，因此分离效率会逐渐升高。

随着实验的持续进行，当装置的吸附能力达到饱和后，即吸附的催化剂颗粒与被混合液流动冲刷脱落的催化剂颗粒的数量达到动态平衡后，催化剂将不再被吸附，达到稳定状态，表现为测量出的分离效率保持不变。

由图3－40可知：在8h后分离效率在90%附近振荡。不同时间的分离效率差异为4%左右，可以将其划为实验误差的范畴。因此，取循环实验的时间为8h，认为其达到了稳定状态。

3.5.3　电压对分离效率的影响

在静电分离实验中，电压对催化剂颗粒的吸附效果起到至关重要的作用。当外加电压升高时，装置内部的电场强度会升高，填料的极化电场也会增强，同时电场梯度增加，催化剂颗粒受到更大的介电泳力，从而提高分离效率。实验在铜电极、电极直径16mm、玻璃填料直径3～3.5mm、进口流量100mL/min、混合液浓度8g/kg、填料量100%、总混合液量25kg、室温25℃的条件下进行。改变输出电压值，出口净化后的混合液返回油浴锅，进行循环实验，实验时间为8h，实验结果如图3－41所示。

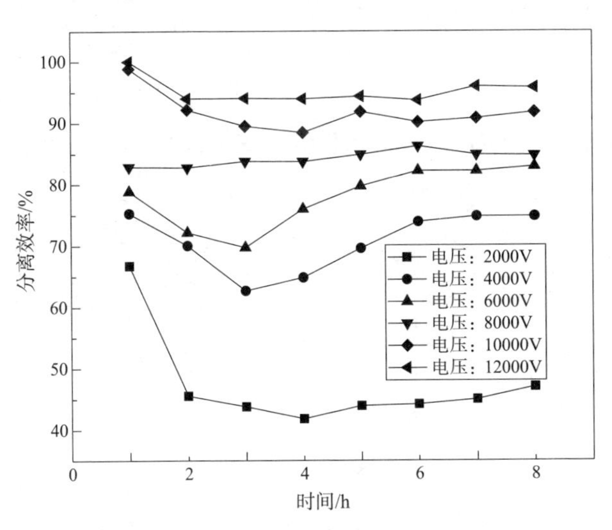

图3－41　电压对循环实验分离效率的影响

由图可知：在循环静电分离实验中，静电分离效率随着电压值的增大呈升高的趋势。当电压值较低时，分离效率随电压值升高的幅度较大；而当电压值较大时，分离效率的升高逐渐平缓。在同一电压值下，随着实验的进行，分离效率呈先降低后升高的趋势，在 2 ~4h 的实验时间内分离效率最低。

增加电压值可以提高催化剂颗粒所受的介电泳力，从而提高分离效率。但随着电压的增大，混合液中的微电流也会逐渐升高，当电压值超过一定幅度后，混合液无法绝缘，电流削弱了电场的大小，导致分离效率无法一直升高。

在循环实验过程中，当混合液未进入装置时，填料上未吸附催化剂颗粒，此时分离效率最高。随着实验的进行，新的混合液进入，装置内的催化剂浓度逐渐升高，导致取样测量出的分离效率下降。但随着实验的进行，越来越多的催化剂颗粒被吸附，油浴锅中的混合液的催化剂浓度便逐渐降低。随着低浓度的混合液进入装置，装置内的催化剂浓度也逐渐下降，因此，分离效率最后会逐渐升高，在 7 ~8h 左右达到稳定。

3.5.4 填料量对分离效率的影响

在静电分离实验中，催化剂颗粒在电场的作用下被吸附到填料表面，以此来净化混合液。根据之前的分析，填料的接触点处是催化剂颗粒吸附的主要位置，因此，填料的数量决定了催化剂颗粒的有效吸附点数量，同时也决定了装置对于催化剂颗粒的饱和吸附量的大小。实验在铜电极、电极直径 16mm、玻璃填料直径 3 ~3.5mm、电压值 10000V、进口流量 100mL/min、混合液浓度 8g/kg、总混合液量 25kg、室温 25℃的条件下进行。改变填料量的多少，出口净化后的混合液返回油浴锅，实验时间为 8h，每间隔 1h 取样测试分离效率，实验结果如图 3 –42 所示。

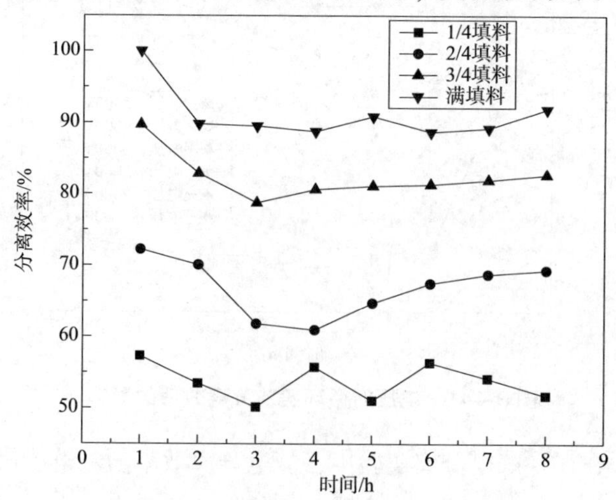

图 3 –42 填料量对循环实验分离效率的影响

由图可知：在循环流动实验中，静电分离效率随着填料量的增多呈升高的趋势。这是因为填料量增多时，装置内部有效吸附点的数量增多，且填料量的多少决定了混合液在流经整个装置时进行静电分离的有效净化时间。在混合液流经没有填料的区域时，只有在中心电极棒附近区域有少量的催化剂被吸附到电极棒表面，其余大部分催化剂颗粒主要在重力和曳力的作用下进行沉降。在填料量较少时，分离效率的波动较大，这是因为当填料量较少时，催化剂颗粒在没有填料的区域主要进行沉降作用，而催化剂颗粒在流动的混合液中的沉降效果无法准确预测，且沉降实验的结果显示沉降作用下催化剂的分离效率波动较大。

在同一填料量下，随着实验的进行，分离效率呈先降低后升高的趋势。而当填料量为1/4时，由于沉降的影响较大，分离效率的波动比较大。在实验时间2～4h的区间内分离效率最低。这与之前的分析类似，首次净化时装置内的填料没有吸附催化剂颗粒，拥有最高的分离效率。随着装置内催化剂浓度的升高，分离效率逐渐降低，最后随着整体混合液浓度的降低，分离效率缓慢升高。

3.5.5 进口流量对分离效率的影响

混合液的进口流量会影响装置内催化剂颗粒所受到的曳力大小。在本实验中，要使催化剂颗粒被有效地吸附，需要使催化剂颗粒所受的曳力和介电泳力相当，这就要求混合液的流速尽量低。本实验利用蠕动泵将混合液泵入装置内，通过调节蠕动泵的流量来控制混合液进入装置的流速。当蠕动泵的流量为50mL/min、100mL/min、150mL/min、200mL/min时，分别对应混合液流速1.5×10^{-4}m/s、2.21×10^{-4}m/s、2.95×10^{-4}m/s和3.68×10^{-4}m/s。实验在铜电极、电极直径16mm、玻璃填料直径3～3.5mm、电压值10000V、混合液浓度8g/kg、填料量100%、总混合液量25kg、室温25℃的条件下进行。改变进口流量的大小，出口净化后的混合液返回油浴锅，实验时间为8h，每间隔1h取样测试分离效率，实验结果如图3-43所示。

如图3-43所示：在循环流动实验中，静电分离效率随着进口流量的增大呈降低的趋势。这是因为当进口流量增大后，装置内混合液的流速相应增大，这不仅增加了催化剂颗粒所受的曳力，使其更不容易被吸附到填料表面，而且较大的流速会导致部分已经被吸附的催化剂颗粒重新脱落。进口流量增大的同时也减少了混合液在装置内部的停留时间，即缩短了有效净化时间，因此分离效率与进口流量的大小成反比。但进口流量的增大可以提高处理量，在循环实验中，相同的时间内，进口流量越大，催化剂颗粒被循环处理的次数越多。

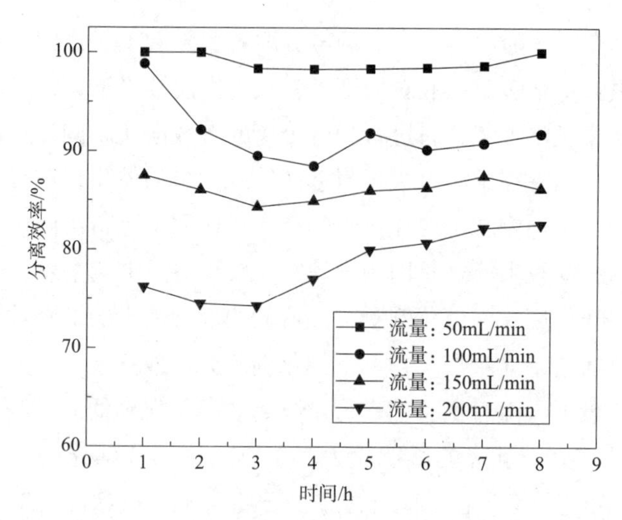

图3－43　进口流量对循环实验分离效率的影响

在同一进口流量值下，分离效率随时间呈先降低后升高的趋势，在2～4h的实验区间内分离效率最低。这是由于实验刚开始时，装置的处理能力最佳，随着催化剂的不断吸附，装置的处理能力下降，最后由于催化剂颗粒逐渐被吸附，混合液内的催化剂颗粒浓度降低，因此测量得到的分离效率逐渐升高。

3.5.6　静电分离器的饱和吸附量分析

在对电压、填料量、进口流量等参数进行8h循环实验后，对油浴锅内的剩余混合液进行取样，分别在混合液的上、中、下三部分取样测量催化剂颗粒的浓度后取平均值，得到循环实验后混合液内的催化剂颗粒浓度。根据公式(3－2)计算获得装置的饱和吸附量与各参数的关系如表3－13和表3－14所示。

表3－13　不同进口流量和填料量时的饱和吸附量

进口流量/(mL/min)	饱和吸附量/g	填料量	饱和吸附量/g
50	99.4404	1/4	59.6665
100	138.0568	2/4	100.5198
150	155.1521	3/4	115.6972
200	152.8746	满填料	134.6431

表3－14　不同电压时的饱和吸附量

电压/V	2000	4000	6000	8000	10000	12000
饱和吸附量/g	70.0123	117.3898	133.4550	134.8124	138.0568	143.6969

可以看出：装置的饱和吸附量随着进口流量的增大呈现出先增大后减小的情况。这是因为虽然进口流量的增大使催化剂颗粒的分离效率降低，但在循环实验中，进口流量的增大使油浴锅内的混合液循环处理的次数增加。当进口流量过大时，单位时间内的静电分离效率过低导致最终的饱和吸附量也降低。

装置的饱和吸附量与填料量和电压均为正相关，当填料量和电压值均较小时，饱和吸附量的上升幅度较大；当电压较高时，饱和吸附量随电压的增大变化不明显。这是因为电压升高后，混合液的电流值增加，降低了分离效率，且当催化剂被吸附一定数量后，容易在填料表面桥接，产生搭桥电导作用，同样会降低静电分离效率。

装置在不同参数下的饱和吸附量决定了装置对于催化剂颗粒的静电吸附上限，在实际应用中还可用于指导反冲洗时间的选择，当装置达到饱和吸附量后，必须进行反冲洗操作，使吸附在填料表面的催化剂颗粒脱落，让填料再生。装置的饱和吸附量并不完全等同于装置单位时间的分离效率，正常生产过程中，油浆单次流经静电分离器的分离效率则更为重要。因此，本节进行了动态静电分离实验，研究混合液单向流经静电分离器时分离效率的变化。

3.6　动态非循环实验结果分析

本实验所用介质与动态循环静电分离实验相同，均为添加催化剂颗粒的导热油混合液。本实验流程与动态循环静电分离实验不同，出口处净化后的混合液不再返回油浴锅，研究不同参数下静电分离装置的分离效率随时间的变化。每次实验结束后，称量剩余的混合液并添加新的混合液到指定质量，然后取样测量其催化剂颗粒浓度，添加催化剂颗粒到指定浓度。实验研究了催化剂颗粒浓度、电压、填料量和进口流量等参数对分离效率的影响。

3.6.1　催化剂颗粒浓度对分离效率的影响

实验在铜电极、电极直径 16mm、玻璃填料直径 3 ~ 3.5mm、进口流量 100mL/min、电压值 10000V、填料量 100%、总混合液量 25kg、室温 25℃的条件下进行，改变催化剂浓度的大小，出口净化后的混合液不返回油浴锅，实验时间为 150min，实验结果如图 3 -44 所示。

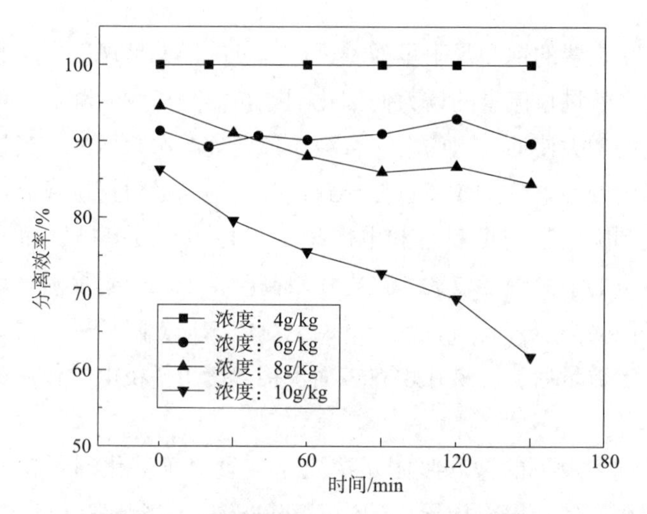

图3－44　催化剂颗粒浓度对分离效率的影响

如图3－44所示：在动态非循环静电分离实验中，静电分离效率随着催化剂浓度的增大呈下降的趋势。在催化剂浓度较低时，在一定电压以及进口流量下，实验装置的单位时间处理量大于进入实验装置的催化剂颗粒的数量，混合液中的催化剂颗粒可以被完全净化。随着催化剂颗粒浓度的增加，分离效率逐渐下降。在同一催化剂颗粒浓度下，随着实验时间的推移，分离效率大幅度降低，这是因为当其他参数确定时，装置的单位时间处理量一定，若无法完全吸附催化剂颗粒，即装置的单位时间处理量低于催化剂颗粒的进入量时，装置内的催化剂颗粒含量会随着时间的增加逐步升高，导致装置内部的催化剂颗粒浓度逐渐升高，因此，出口处取样测量到的分离效率下降。

由于装置的单位时间处理量低于催化剂颗粒的进入量，因此，随着时间的进行，分离效率的降低速度会越来越快。但由于催化剂浓度升高，催化剂颗粒聚集成团的概率也会大大增加，这会增加催化剂颗粒沉降的效率，因此，出口的分离效率最终会达到一个动态的平衡。

3.6.2　电压对分离效率的影响

实验在铜电极、电极直径16mm、玻璃填料直径3～3.5mm、进口流量100mL/min、混合液浓度8g/kg、填料量100%、总混合液量25kg、室温25℃的条件下进行，改变电压的大小，出口净化后的混合液不返回油浴锅，实验时间为150min，实验结果如图3－45所示。

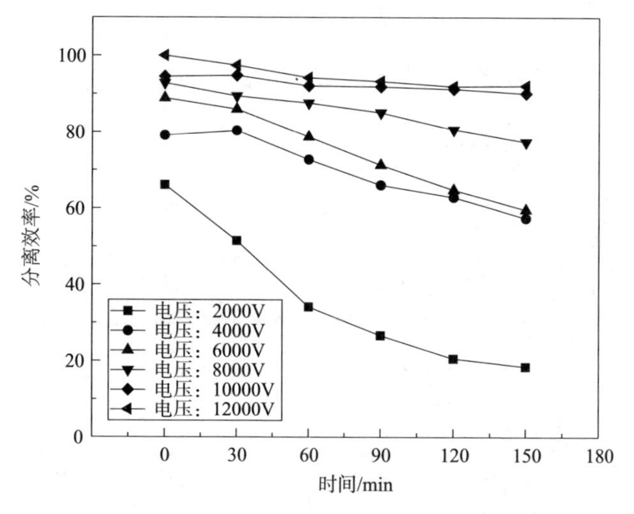

图 3－45　电压对分离效率的影响

由图 3－45 可知：在动态非循环静电分离实验中，静电分离效率随着电压值的增大呈升高的趋势，在电压值较低时，分离效率随电压值升高的幅度较大，当电压值较大时，分离效率的升高逐渐平缓。在同一电压值下，随着实验的进行，分离效率逐渐降低。

在实验过程中，当混合液第一次通过装置时，填料上未吸附催化剂颗粒，此时装置的吸附能力最大，静电分离效率最高。随着实验的进行，当装置的单位时间处理量低于催化剂颗粒的进入量时，由于不能完全吸附进入装置的混合液中所有的催化剂颗粒，所以随着新的混合液进入装置，装置内的催化剂浓度逐渐升高，导致测量的分离效率下降。当电压值较高时，催化剂颗粒更容易被吸附到催化剂颗粒表面形成桥接，使整个混合液体系的电导率增大，电流值相应地增加，从而会降低装置的静电分离效率。

3.6.3　填料量对分离效率的影响

实验在铜电极、电极直径 16mm、玻璃填料直径 3 ~ 3.5mm、进口流量 100mL/min、电压值 10000V、混合液浓度 8g/kg、总混合液量 25kg、室温 25℃的条件下进行，改变填料量，出口净化后的混合液不返回油浴锅，实验时间为 150min，实验结果如图 3－46 所示。

如图 3－46 所示：静电分离效率随着填料量的增多呈升高的趋势，在填料量较少时，分离效率的波动较大，这与循环实验的规律一致，是由不规律的沉降作用导致的。

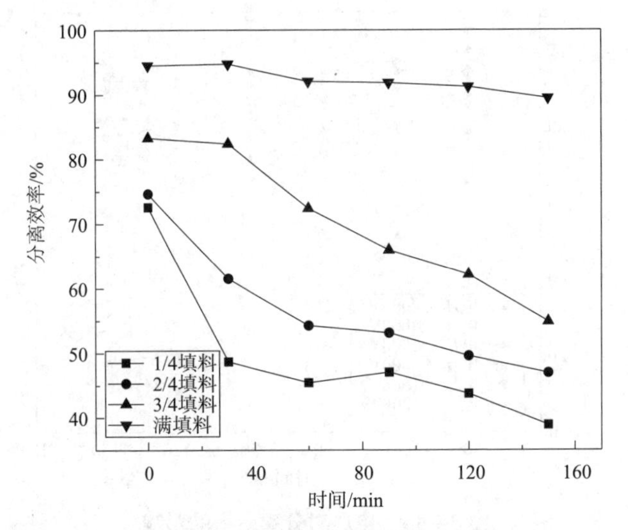

图3－46　填料量对分离效率的影响

随着实验时间的推移，催化剂颗粒的分离效率逐渐下降。当填料量充足时，分离效率的下降较为缓慢。这是因为填料量越多，装置的吸附上限越大，且混合液的有效净化时间越长，因此可以有效地吸附大部分催化剂颗粒；而填料量较少时，混合液流经装置的有效净化时间较短，装置无法吸附足够的催化剂颗粒，使得装置内催化剂颗粒的浓度逐渐升高，导致分离效率降低。

3.6.4　进口流量对分离效率的影响

实验在铜电极、电极直径16mm、玻璃填料直径3～3.5mm、电压值10000V、混合液浓度8g/kg、填料量100%、总混合液量25kg、室温25℃的条件下进行，改变进口流量的大小，出口净化后的混合液不返回油浴锅，实验时间为150min，实验结果如图3－47所示。

由图3－47可知：在动态静电分离实验中，静电分离效率随着流量的增大呈降低的趋势。当进口流量较大时，静电分离效率的下降较明显；当进口流量较小时，分离效率的下降较为平缓，可以保持100%的分离效率。这是因为，当装置的尺寸、外加电压、填料量、进口流量等相关的参数确定以后，装置的吸附能力也确定。当装置的单位时间吸附能力大于进入装置的催化剂颗粒数量时，装置可以一直保持100%的净化效率，直到装置的吸附逐渐达到饱和；而当装置的单位时间吸附能力小于进入装置的催化剂颗粒数量时，由于无法完全吸附进入装置的催化剂颗粒，随着新混合液的进入，装置内部的催化剂浓度会逐渐升高，静电分

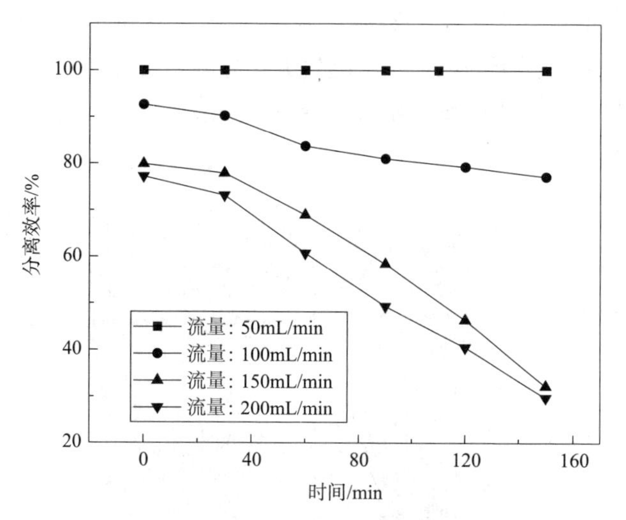

图3－47　进口流量对分离效率的影响

离效率逐渐下降。当进口流量较小时，即混合液的流速较小时，混合液流经整个装置的时间变长，增加了有效净化时间，且新进入装置的催化剂颗粒数量减少，因此，装置可以较长时间保持很高的静电分离效率，但进口流量减小同时降低了处理量。

3.7　微观实验结果分析

在电压8000V、玻璃填料直径4mm、实验时间30min的条件下，最终微观实验结果如图3－48所示。

如图3－48所示：在长时间的静电分离后，混合液中的催化剂颗粒浓度下降，催化剂颗粒主要吸附在填料球的表面上。当填料平行于电场方向摆放时，催化剂的吸附更为明显，且催化剂颗粒被吸附在填料球接触点附近的表面上；而当填料垂直于电场方向摆放时，催化剂的吸附则较少，且催化剂颗粒被吸附在平行于电场方向的填料的两侧表面上。

图3－48　催化剂颗粒吸附情况图

这是因为当填料的摆放位置不同时，

填料被电场极化的效果也不同，如图3－49和图3－50所示，当填料垂直于电场分布时，填料球左右两侧的电势线密度较大，电场强度较高，催化剂颗粒更容易被吸附；而当填料平行于电场分布时，填料球接触点附近的电场强度更高，更容易捕获催化剂颗粒。

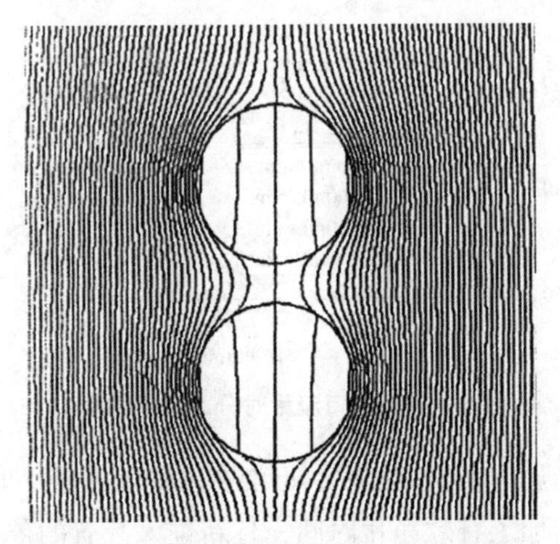

图3－49 填料垂直于电场分布时电势分布图

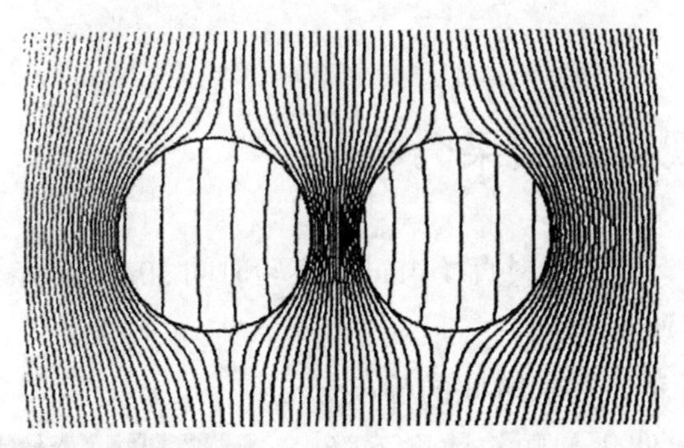

图3－50 填料平行于电场分布时电势分布图

由于填料平行于电场方向摆放时吸附效果更明显，因此，针对这种情况进行了进一步的实验，实验步骤同之前一致，重点观察填料接触点附近的催化剂颗粒运动情况。在电压8000V、玻璃填料直径4mm、显微镜放大倍数40倍的条件下，实验结果如图3－51所示。

由于催化剂颗粒的球形度不同，且含有片状和团聚成团的催化剂颗粒，所以催化剂颗粒的反光度不同，在显微镜的画面中随着催化剂颗粒的运动和旋转，部分颗粒的完整轨迹无法捕捉。因此，选择了7个清晰的催化剂颗粒和催化剂颗粒团的运动轨迹，如图3－51所示，采用图画软件处理，将1.32s内的催化剂颗粒的运动通过逐帧手动打点的方式，得到了 7 条运动轨迹。

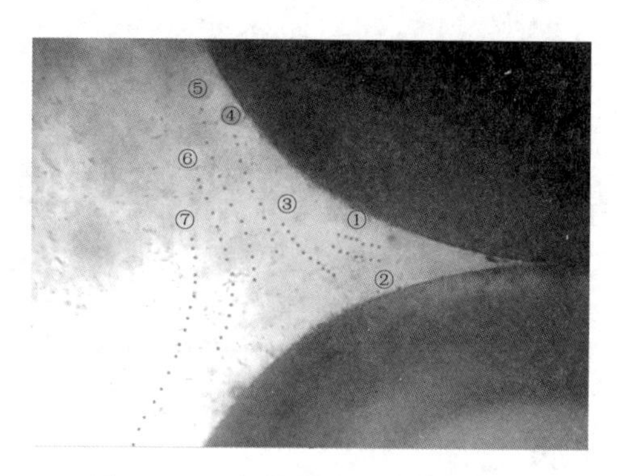

图 3－51　催化剂颗粒运动轨迹图

由图 3－51 可知：当催化剂颗粒在球形玻璃填料附近时，由于填料极化电场的影响，靠近填料的催化剂颗粒会朝着填料接触点方向运动，并最终吸附在填料表面上。同时，导热油在电场中也是运动的，由于黏性流体的绕流效应，在填料球面上会产生边界层，靠近球面的区域导热油流速较慢，而远离填料的区域流速较快。在曳力、压力梯度力和介电泳力的作用下，催化剂颗粒的运动呈现出一定规律，即靠近填料的催化剂运动速度较慢，且会被填料捕获吸附，而远离填料的催化剂颗粒运动速度较快，且不会被填料捕获。

因此，存在一个边界，当催化剂颗粒进入这个边界后，更倾向于被填料表面吸附，而在边界外的催化剂颗粒则不会被吸附。如图 3－51 所示，实验结果表明：该边界在二维平面上近似为"V"形的曲线，在填料接触点两侧各有一个边界。该边界与球形玻璃填料的表面共同形成了一个区域，称为"有效吸附区域"。而在实际中，该区域为"马鞍状的双 V"形空间区域，如图 3－51 所示。

有效吸附区域的大小与多种因素相关，包括介质的电导率、黏度、电极的分布、电压的大小、填料的材料和表面性质等。由于微观实验的误差波动较大且各项参数的控制难度较大，因此，有效吸附区域的相关研究采取了数值仿真的形式，具体结果见 6.3 节有效吸附区域模型。

第4章　静电分离热模实验研究

4.1　实验介质

本章以来自炼厂催化裂化装置的外甩油浆作为原料进行静电脱固实验研究。催化裂化油浆中的固体颗粒来自催化裂化装置正常生产过程中无法被沉降器的粗旋和单旋回收的催化剂，以不规则的细小块状为主，成分为无机物，同时还会含有一定量的焦粉等有机物[111]。实验中所用催化油浆的固体颗粒的粒径分布如图4－1和表4－1所示，微观状态下的固体颗粒形貌如图4－2所示。固体颗粒的粒径主要分布在40μm以下，筛下累积率为98.2%，其中有70.10%的固体颗粒的粒径小于10μm。由于静电法对粒径为10μm以下的催化剂颗粒分离效率较高，因此，选择的实验介质是满足要求的。

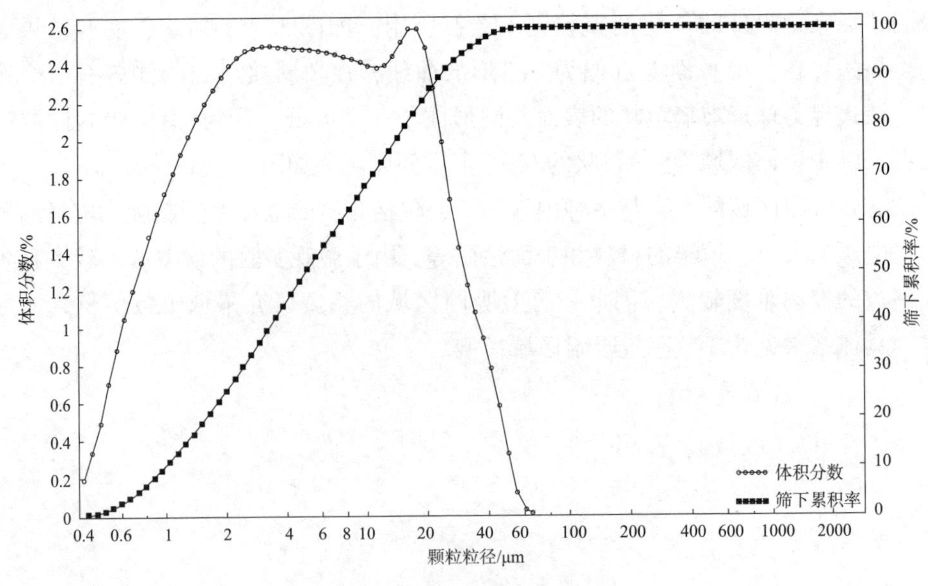

图4－1　颗粒粒度分布曲线

表4－1　各颗粒粒径范围的体积分数

粒径范围/μm	<10	10～20	20～40	40～60	>60
体积分数/%	70.10	17.50	10.60	1.80	0.00

图4－2　固体颗粒的显微形貌

4.2　实验装置

4.2.1　静电分离器

本书所用的控温静电分离装置如图4－3所示，是基于静电分离原理自主设计的，该装置主要包括静电分离器、温控器和高压直流电源三部分。静电分离器由支架和筒体两部分组成，均由不锈钢材料制作。筒体整体高度为300mm，外径为150mm，内径为75mm，自内而外分为三层结构，依次为分离层、加热层和保温层。分离层用于填充填料，以供催化裂化油浆进行固体颗粒脱除；中心处铜制圆柱棒作为阳极，通过导线和高压直流电源相连接；外壳连接地线作为静电分离器的阴极；分离层的顶部设有催化油浆的注入口，在底部设有催化油浆的排出口。加热层中填充导热油，并在导热油中插有电加热棒和热电阻传感器以实现对温度的精准控制。保温层为封闭式结构，其中填充的保温材料用于减缓导热油温度下降，降低加热电能的消耗。高压直流电源的型号为DW－P503－1ACDF0，可提供0～50000V的额定直流电压和0～1mA的额定直流电流。

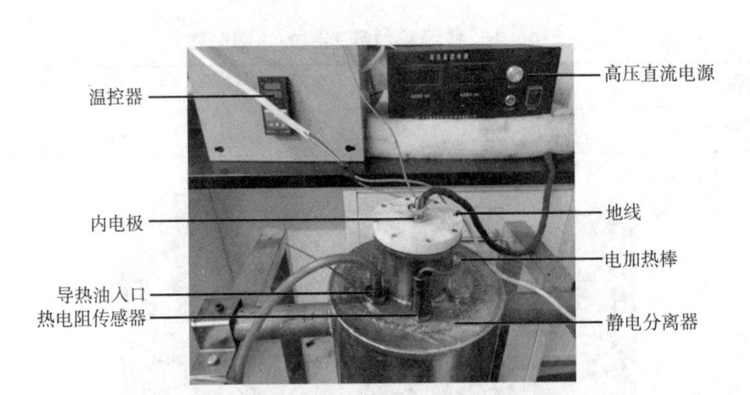

图4-3　自制控温静电分离装置

4.2.2　催化裂化油浆性质检测装置

催化裂化油浆四组分的测试采用经典的柱层析色谱法来实现。色谱法是利用在固定相和流动相之间相互作用的平衡场内的物质行为的差异，从多组分混合物中使单一组分相互分离，进行定性或者定量的分析的方法。柱层析色谱法按照不同的溶剂对物质进行梯度分离，使物质的各组分在固定相中交替进行吸附-脱附的过程，在流动相中不断进行物质交换和再分配，从而实现分离。本实验按照NB/SH/T 0509—2010《石油沥青四组分测定方法》中的操作步骤进行了催化裂化油浆中四组分的分离工作，为后续研究油浆性质对静电分离效率的影响提供了原料分析的帮助。

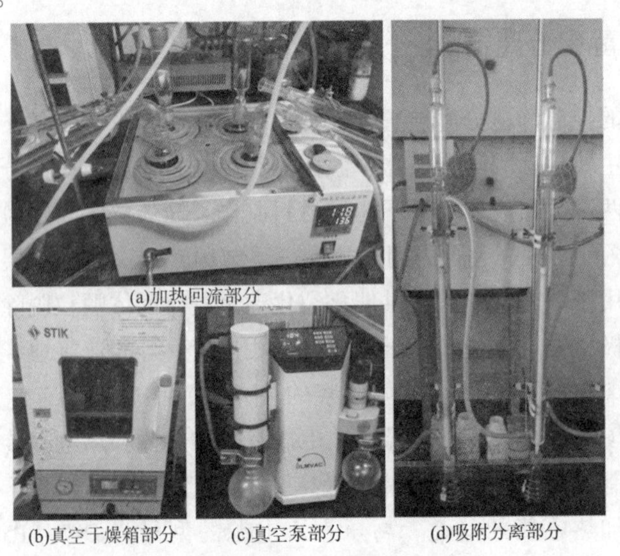

(a)加热回流部分　(b)真空干燥箱部分　(c)真空泵部分　(d)吸附分离部分

图4-4　沥青四组分分离装置

四组分分离实验中所用的分析仪器如图 4 –4 所示，各个仪器分别为：(a)加热回流部分，用于正庚烷回流提取饱和分和甲苯回流提取，包含恒温油浴锅、回流管、冷凝管和锥形提取瓶；(b)真空干燥箱部分，用于含有四组分的锥形提取瓶去除甲苯、正庚烷等有机溶剂；(c)真空泵部分，用于联通真空干燥箱加速去除锥形提取瓶中的有机溶剂；(d)吸附分离部分，用于胶质、饱和分与芳香分三部分的分离，包括冷凝器、氧化铝吸附柱、抽提器和锥形烧瓶。

本节中用到的实验辅助器材均和 3. 2. 4 节的辅助实验装置相同，此处不再详细展开。

4. 3　实验方案

4. 3. 1　实验流程

催化裂化油浆固含量的测定需要提前准备好实验所用的已恒重过的空滤纸和滤膜，具体做法为：首先将滤纸包裹滤膜在加热温度为 100℃ 的鼓风干燥箱中干燥，之后放置在玻璃干燥皿中冷却至室温，最后使用分析天平称重并记录。

静电分离实验具体实验步骤如下：

(1)将静电分离器的温控装置调节至实验所需温度，同时将填料倒进静电分离器中，使填料和静电分离器一起预热 40min；

(2)使用分析天平称取 150g 催化裂化油浆并放置于鼓风干燥箱中预热 30min 以上，同时称取 20g 左右样品用于静电分离之前检测固含量；

(3)开启高压电源，调至实验所需电压，之后将已经预热好的催化裂化油浆从静电分离器的上部开口倒入，并开始计时；

(4)等至实验设定时间，打开底部取样口的阀门，使用 150mL 烧杯先取底部垫片下未完全净化的催化油浆 75g，之后再分两次取样 20g 左右的净化后的催化裂化油浆，最后关掉高压电源和静电分离器的温控装置，将静电分离器内填料倒出并清洗分离器以备下组实验使用；

(5)将已经使用分析天平称重过的净化油浆和甲苯或者柴油混合(甲苯或柴油和净化油浆的混合比例分别为 1 : 5 和 1 : 2)，之后将装有混合液的烧杯放置到 80℃ 恒温加热的水浴锅，同时用玻璃棒搅拌至净化油浆被完全溶解，将完全溶解后的混合液用抽滤装置分离出固体颗粒；

(6)将过滤后含固体颗粒的滤膜放入配对的滤纸中，并将其在索氏抽提器中进行抽提，将残余的柴油或者甲苯去除；

(7)抽提完成后将滤纸、滤膜及催化剂放入真空干燥箱中加热50min，随后在干燥皿中冷却称重；

(8)分析处理数据，得出分离效率。

4.3.2 实验所用固含量测定方法

催化裂化油浆的固含量测定方法有四种，分别为过滤法、灰分法、离心法和炭化灼烧法。由于催化裂化油浆中的固体颗粒包含催化剂颗粒和焦粉，采用灰分法和炭化灼烧法会烧掉焦粉等有机颗粒，使固含量的测量结果偏低；而离心法测量时会受到催化油浆中的沥青质和胶质影响，造成固含量的测量结果偏高。从图4-1可以看出，固体颗粒的最小粒径为0.4μm，因此，采用0.22μm的有机滤膜进行过滤可全部获得催化裂化油浆中的固体颗粒。

过滤法得到的分离效率e_E如式(4-1)所示：

$$e_E = \frac{(m_{b2} - m_{b1})/m_{b3} - (m_{a2} - m_{a1})/m_{a3}}{(m_{b2} - m_{b1})/m_{b3}} \times 100\% \tag{4-1}$$

式中，m_{b1}为静电分离之前催化裂化油浆对应的空滤纸质量；m_{b2}为静电分离之前滤纸和固体颗粒的质量；m_{b3}为静电分离之前催化裂化油浆的取样质量；m_{a1}为静电分离之后净化油浆对应的空滤纸质量；m_{a2}为静电分离之后净化油浆的滤纸和固体颗粒的质量；m_{a3}为静电分离之后净化油浆的取样质量。

4.4 热模实验结果分析

4.4.1 操作参数对静电分离效率的影响

(1)加热温度对静电分离效率的影响

催化裂化油浆作为一种常温下近似固态的物质，具有黏度高、流动性差的特点，图4-5为从储罐中取出的催化裂化油浆形态。高黏度会使固体颗粒在吸附过程中受到较大的阻力，严重降低静电分离效率，因此，需要在静电分离过程中，对催化裂化油浆进行有效的降黏操作。常用的催化裂化油浆降黏措施有化学试剂降黏和高温降黏，由于化学试剂的加入会对净化后油浆的高值化利用产生二次污染，且不如高温降黏方式简单高效，因此，本节研究加热温度对静电分离效率的影响。图4-6为催化裂化油浆的黏温曲线，可以看出：随着加热温度的升

高，催化裂化油浆的黏度迅速下降并最终呈现指数型下降趋势。

图4-5　催化裂化油浆取样状态

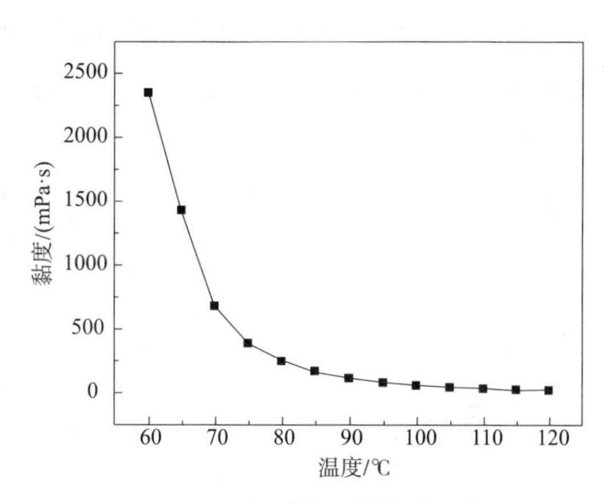

图4-6　催化裂化油浆的黏温曲线

图4-7为在外加电压为8000V、填料为直径3.5mm的玻璃球及分离时间为40min的条件下得出的分离效率随着加热温度的变化曲线图。由图可以看出：分离效率随着温度的升高而呈持续升高的趋势，且升高速率先增大后减小。在加热温度低于90℃时，分离效率增长迅速；而当加热温度高于90℃时，分离效率增长明显放缓。由式(2-46)可知：固体颗粒受到的曳力F_{SD}和催化裂化油浆的黏度μ成正比。由图4-6的黏温曲线可知：在60~100℃内，催化裂化油浆的黏度随温度升高而显著下降，固体颗粒在被吸附过程中受到的阻力(曳力)减小，造成分离效率的升高；在100~120℃内，催化裂化油浆的黏度随温度升高而基本保持不变，固体颗粒受到的阻力(曳力)保持不变，使分离效率处于变化较小的范围内。因为静电分离实验装置的外部环境温度为恒定值，随实验温度的升高，实验装置和环境之间的温差增大，散失至环境中的能量升高，引起加热开关在闭合与断开之间更为频繁切换，使实验装置维持在恒温状态的时间更短。因此，使催化裂化油浆的黏度高低起伏变化更频繁，最终表现为分离效率在100~120℃内，维持不变。

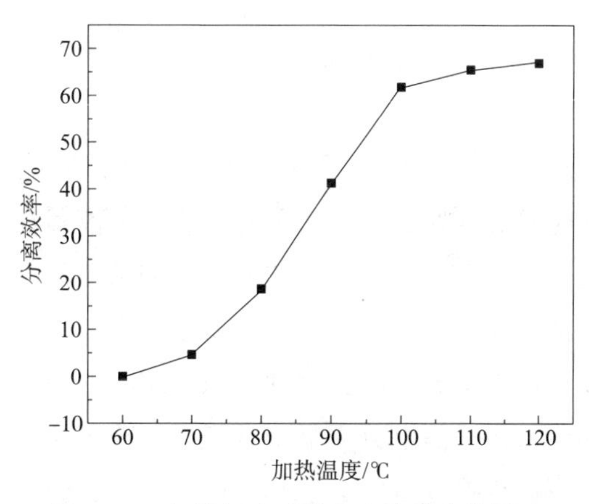

图4-7　加热温度对静电分离效率的影响

(2)分离时间对静电分离效率的影响

由于固体颗粒被吸附至填料表面并非瞬时完成，颗粒会在介电泳力、有效重力以及曳力的共同作用下运动至填料的接触点附近完成吸附过程，因此，分离时间是催化裂化油浆静电分离过程中的一个关键参数。分离时间过短会使固体颗粒没有完全被吸附至填料上，当分离时间超过颗粒被完全吸附至填料所需的时间时，就会产生电能及分离时间的浪费。在研究分离时间对分离效率的影响时，选择外加电压为8000V、加热温度为100℃、填料为直径3.5mm的球形玻璃，实验结果如图4－8所示。静电分离效率随着分离时间的增大而逐渐升高，其中前20min的分离效率很低，在20～30min时，分离效率明显升高，而当分离时间高于40min时，分离效率不再升高，因此，后续实验中的分离时间选择为40min。该变化趋势的原因如下：首先，静电分离器在进行预热的过程中，由于玻璃填料之前存在较大的空隙，无法将填料加热至静电分离器设定的加热温度，造成催化裂化油浆在加入静电分离器时低于设定的加热温度，催化裂化油浆的黏度随着温度增加而呈指数下降，因此分离效率在前20min内升高缓慢；之后，由于催化裂化油浆加入至静电分离器中且完全填充了填料之间的空隙，使得催化裂化油浆和填料可以维持住设定的加热温度，因此，分离效率会在20～40min内明显升高；最后，当处于有效吸附区域内的固体颗粒全部被吸附至填料表面后，分离效率不再继续升高，因此在40～50min内，分离效率基本保持不变。

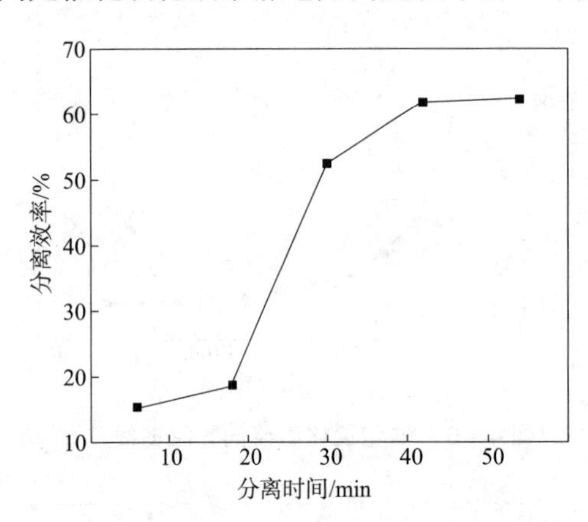

图4－8　分离时间对分离效率的影响

(3)外加电压对静电分离效率的影响

在静电分离实验中，电压对固体颗粒的吸附效果起到至关重要的作用。当外加电压升高时，装置内部的电场强度升高，填料的极化电场增强，同时电场梯度增加，催化剂颗粒受到更大的介电泳力，因此分离效率升高。研究外加电压对静电分离效率的实验是在加热温度为100℃、分离时间为40min、填料为直径3.5mm的玻璃球的条件下进行的，实验结果如图4－9所示。

从图4－9可以看出：随外加电压增大，分离效率呈先升高后降低的趋势。在外加电压为4000～12000V时，随外加电场的增强，静电分离装置内部电场强

度增大，填料被极化产生的束缚电荷增多，填料接触点附近局部电场的电场强度增大，固体颗粒受到的介电泳力增大，最终表现为分离效率的持续升高。随着静电分离过程的持续，填料吸附的固体颗粒数目会越来越多，逐渐在填料之间形成通路，通路会使填料接触点附近的电场强度降低，使接触点吸附固体颗粒的能力降低直至失效，外加电压的增大会加快固体颗粒的吸附过程，造成更多接触点吸附能力下降，因此，最终表现为在电压为8000～12000V时分离效率随外加电压的升高速度小于在电压为4000～8000V时分离效率随外加电压的升高速度。而超过12000V时，作为介电材料的填料有部分被击穿，使接触点未吸附固体颗粒形成通路，造成分离效率降低。

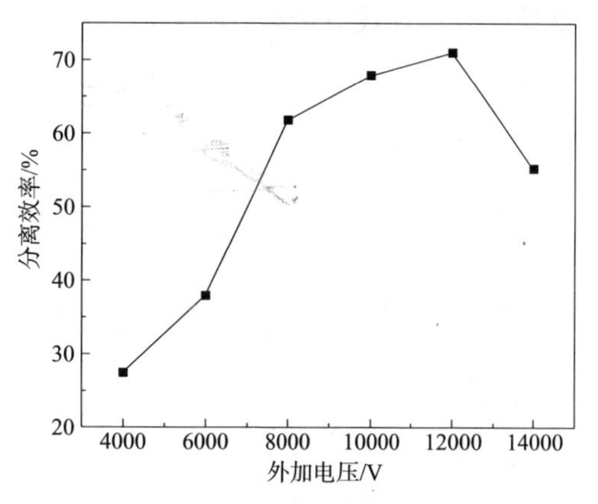

图4－9　外加电压对分离效率的影响

4.4.2　填料参数对静电分离效率的影响

(1)填料直径对静电分离效率的影响

在静电分离器中，圆柱形电极和圆筒形外壁会形成辐射状的电场，在不加入任何填料的情况下，由于介电泳力太弱使得静电分离器的分离效率很低。加入填料之后，填料在电场的作用下产生感性电荷，并与原电场进行耦合作用后，使得在填料接触点附近产生较大的电场梯度，从而提高静电分离效率。因此，本节以最为常用且分离效果较好的玻璃填料为例，在加热温度为100℃、分离时间为40min、外加电压为8000V的实验条件下研究填料直径对静电分离效率的影响。按照玻璃研磨球的成品规格，分为2.5mm、3.5mm和5mm三组。

实验结果如图4－10所示：随着填料直径的增加，静电分离效率处于持续降低的状态。当填料直径为2.5mm时，分离效率达到最高，为74.98%；当填料直径为3.5mm时，分离效率降至61.81%；而当填料直径为5mm时，分离效率降至最低，为56.44%。填料之间的空隙会随填料直径的减小而变小，使固体颗粒和接触点之间的距离缩短；在静电分离器容量保持不变的情况下，随填料直径的减小，所填充的填料数目增多，引起接触点的增多，最终表现为填料直径减小，分离效率升高。但填料直径的增大会使床层压降升高，空隙率降低，降低催化裂化油浆的处理量，增大反冲洗难度，增加运行维护成本。因此，需要合理控制填料直径，以达到效益最高。

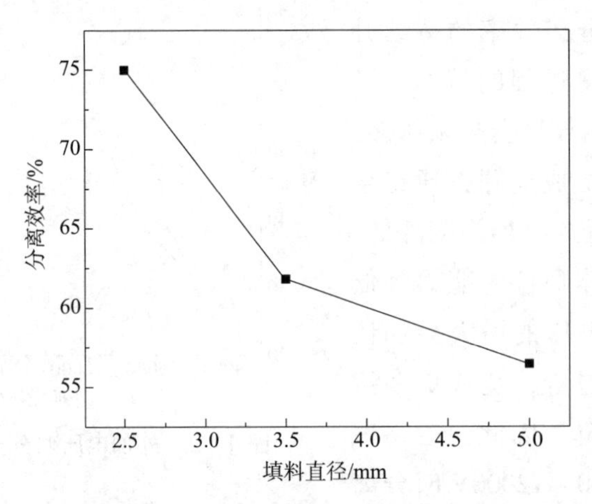

图4-10 填料直径对分离效率的影响

(2)填料材质对静电分离效率的影响

为了研究不同填料材质对静电分离效率的影响，以直径为3mm的氧化锆、玻璃和陶瓷三种不同材质的球形颗粒作为填料，在加热温度为100℃、分离时间为40min、外加电压为8000V的实验条件下进行研究。实验结果如图4-11所示：当使用氧化锆作为填料时，分离效率达到最高，为78.65%，玻璃填料的分离效率次之，为61.81%，陶瓷填料的分离效率最低，为34.26%。

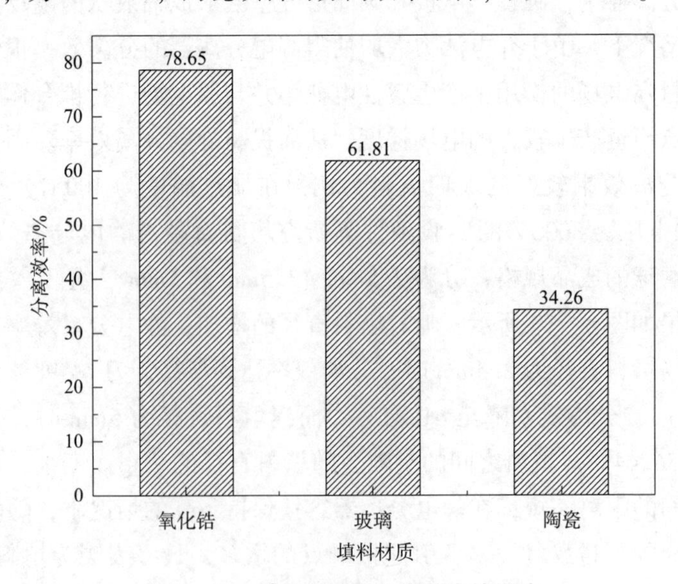

图4-11 填料材质对分离效率的影响

根据电介质材料常温介电常数表可知：陶瓷球的介电常数为7左右，玻璃球的介电常数为5左右，氧化锆球的介电常数为20左右。由式(2－8)可知：当外加电场保持不变时，介电材料被极化产生的电荷量和介电常数成正比，氧化锆填料比玻璃或陶瓷填料更容易极化而产生更多束缚电荷，使接触点附近的电场更强，固体颗粒受到的介电泳力更大。因此，氧化锆填料的静电分离效率高于玻璃填料或者陶瓷填料。由图4－11可知：相对介电常数较为接近的玻璃和陶瓷填料的分离效率差别很大，前者几乎是后者的2倍。主要原因是：玻璃填料比陶瓷填料的表面粗糙度更低，粗糙度越低的表面在微观状态下越会具有更尖锐的劈尖，会聚集更多束缚电荷，造成接触点附近的电场强度更大，使固体颗粒受到的介电泳力更大，因此分离效率也会更高。

综上可以得出：当不同材质填料的介电常数相差很大时，介电常数是影响分离效率的主要因素；而当不同材质填料的介电常数差别较小时，表面粗糙度便会成为影响分离效率的主要因素。

4.4.3　油浆性质对分离效率的影响

因不同炼厂或者相同炼厂不同原料在催化裂化过程中产出的油浆会存在很大的差异，因此，本节研究催化裂化油浆中沥青四组分(饱和分、芳香分、胶质和沥青质)质量比例对静电分离效率的影响规律。实验选择来自四个厂区的油浆作为原料，四组分的比例如表4－2所示。在外加电压为8000V、加热温度为80℃、分离时间为40min、填料为直径3.5mm的玻璃球的实验条件下，进行了四组分质量比例对静电分离效率的影响，如图4－12所示。

表4－2　四种催化裂化油浆的四组分质量分数

油浆类别	四组分质量含量			
	饱和分/%	芳香分/%	胶质/%	沥青质/%
A	30.7	62.61	6.49	0.21
B	4.99	82.69	4.37	5
C	19	75.3	4.32	1.38
D	26.39	63.89	7.47	2.26

由图4－12可知：四种催化裂化油浆的黏度各不相同，静电分离效率随着油浆黏度的升高而降低，且趋势基本相同。再结合之前油浆的黏温曲线(图4－6)和分离效率随温度变化曲线(图4－7)可知，在使用同一静电分离器，保证分离

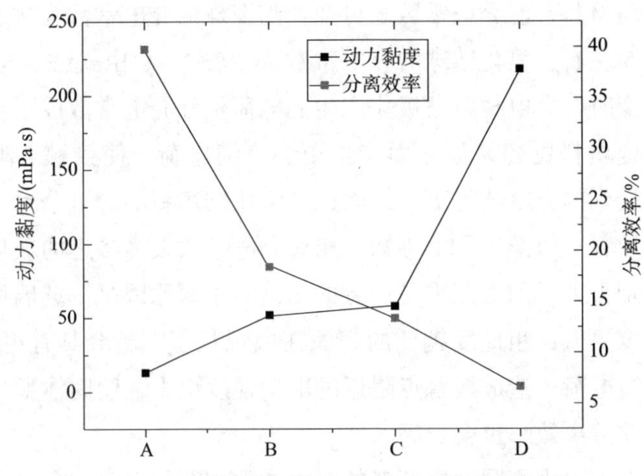

图 4－12 油浆种类对静电分离效率和黏度的影响

电压、填料材质和直径等参数相同的情况下，使用同种油浆处于不同温度时，或者相同温度下不同种类油浆时，静电分离效率均和催化裂化油浆黏度呈正相关。汪双清等[112]在测定完包括辽河油田、胜利油田等在内的国内25个油田的稠油黏度及稠油的四组分比例后，得出了稠油黏度随着非烃组分含量(沥青质)的增加呈指数型增高，而随着饱和分和芳香分含量的增加而呈指数型下降的结论。该研究指明了四组分中沥青质对黏度增加做正贡献，而饱和分与芳香分做负贡献。在各个组分含量相同时的贡献比例为：沥青质：饱和分：芳香分＝0.95：－0.48：－0.42。由于催化裂化油浆和原油成分存在少许差异，不含有原油中的酸性非烃物质，只需考虑三个组分影响，因此，最终三个组分的比例可转变为：0.51：－0.23：－0.26。赵瑞玉等[113]以塔河为主的15个油田的稠油作为原料考察了四组分对稠油黏度的影响，补充了汪双清等研究中被忽略的胶质成分的影响，提出了胶体稳定性的概念，指出稠油是以沥青质为核心，饱和分和芳香分为分散质的胶体体系，胶质在分散系中起着胶溶化剂的作用，有助于沥青质在分散系中的分散。胶质通过氢键或 π－π 等分子间作用力吸附于沥青质上，多余胶质则构成分散介质，这样沥青质表面相互缔合的成键位点被尺寸及极性稍小的胶质分子吸附所占据，胶质丰富的脂肪侧链引起的空间位阻作用大大抑制了沥青质分子之间的缔合作用。由此，胶质含量越多，对沥青质的分散越有利，对沥青质分子缔合的抑制作用越强，稠油黏度随着胶质与沥青质之比的增大而呈指数型降低。在综合考虑了上述两位学者的研究后，得出了黏度与油浆四组分质量含量的关系式(4－2)。

$$\mu = \exp\left[b_1(0.51w_{as} - 0.23w_s - 0.26w_a) - b_2\frac{w_r}{w_{as}}\right] \quad (4-2)$$

式中，w_{as} 是沥青质的质量含量；w_s 是饱和分的质量含量；w_a 是芳香分的质量含量；$\frac{w_r}{w_{as}}$ 是胶质与沥青质质量含量的比值。

已知黏度为 μ_0 的稠油四组分的质量并设定为参考标准油浆，建立未知油浆与已知标准油浆黏度比为 b，则 b 的表达式为：

$$b = \frac{\mu}{\mu_0} = \exp\left[b_1\Delta(0.51w_{as} - 0.23w_s - 0.26w_a) - b_2\frac{w_r}{w_{as}} + a\right] \quad (4-3)$$

由于本实验中的催化裂化油浆种类过少，难以对公式(4－3)进行拟合并做验证，因此查阅了文献[114]，得到了如表4－3所示的不同黏度的稠油及其对应四组分的质量含量。经过非线性拟合得到：$b_1 = 0.0359$，$b_2 = -0.8728$，常数 c 为0.0867，回归系数 R^2 为0.8873。最终得出 b 的表达式为：

$$b = \frac{\mu}{\mu_0} = \exp\left[0.0359\Delta(0.51w_{as} - 0.23w_s - 0.26w_a) + 0.8728\Delta\frac{w_g}{w_{as}} + 0.0867\right] \quad (4-4)$$

表4－3　不同黏度的催化裂化油浆四组分的质量分数

黏度/(mPa·s)	w_s/%	w_a/%	w_r/%	w_{as}/%	w_r/w_{as}
12165	19.32	33.54	25.64	21.50	1.19
17331	23.44	29.38	23.11	24.07	0.96
18797	23.98	29.05	23.80	23.17	1.03
22773	25.24	30.01	21.10	23.65	0.89
22936	23.17	29.55	23.69	23.58	1.00
23148	21.78	33.05	22.85	22.32	1.02
23971	22.97	31.59	22.87	22.57	1.01

将表4－3中四种催化裂化油浆的沥青四组分质量分数的数据代入式(4－4)中，得到了相对误差表4－4，得出最大误差为11.19%，说明了该公式的准确性。由静电分离效率随着油浆黏度升高而下降的负相关关系，再基于式(4－4)黏度与四组分质量的关系式，可间接表示出油浆四组分质量分数对静电分离效率的影响。

表4－4　四种油浆的黏度比 b 的相对误差

b	实验值	计算值	相对误差
B/A	3.94	4.24	7.61%
C/A	4.38	4.87	11.19%
D/A	16.52	15.32	7.26%

4.4.4 外加电压、加热温度对沥青质与固体颗粒竞争吸附的影响

沥青质作为一种高分子有机化合物，在催化裂化油浆中是以胶团形状物质存在的。方云进通过冷模实验发现了沥青质(以炭黑替代)和固体颗粒之间存在着竞争吸附关系，其实验结果表明增加沥青质的含量会降低固体颗粒的静电分离效率。本节首先以热模实验验证沥青质和固体颗粒之间是否存在"竞争吸附"现象，然后分析外加电压和加热温度对竞争吸附现象的影响。图4－13为用柴油溶解催化裂化油浆样品后过滤得到的产物，图4－14为用甲苯溶解催化裂化油浆样品后过滤得到的产物。由图4－13和图4－14的对比可知：以柴油为溶剂获得的过滤产物明显存在板结现象，这是因为脂肪族溶剂(柴油)对沥青质的溶解度远小于芳香族溶剂(甲苯)对沥青质的溶解度。由此可得出，以柴油为溶剂的过滤产物包含沥青质和固体颗粒，而以甲苯为溶剂的过滤产物只包含固体颗粒。因此，本节将相同实验条件获得的催化裂化油浆样品分别用柴油和甲苯溶解后过滤，之后对两组过滤产物的质量进行对比分析，可得出被吸附至填料上的沥青质与固体颗粒的质量比。

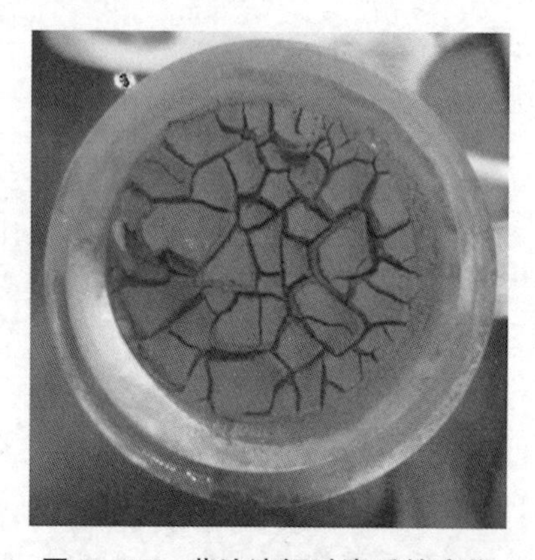

图4－13 柴油溶解过滤后的产物

图4－14 甲苯溶解过滤后的产物

将被吸附的沥青质与固体颗粒的质量比以 α 表示，计算公式如式(4－6)所示。

$$\varepsilon_{油浆} = \frac{m_2 - m_1}{m_3} \tag{4-5}$$

$$\alpha = \frac{(\varepsilon_{柴油b} - \varepsilon_{柴油a}) - (\varepsilon_{甲苯b} - \varepsilon_{甲苯a})}{\varepsilon_{甲苯b} - \varepsilon_{甲苯a}} \tag{4-6}$$

式中，$\varepsilon_{油浆}$ 是催化裂化油浆固含量；m_2是使用柴油或者甲苯做稀释剂过滤后

得到的滤纸与过滤产物的总质量；m_1是空滤纸的质量；m_3是取样的质量；$\varepsilon_{柴油b}$是静电分离之前使用柴油作为稀释剂得到的催化裂化油浆固含量数值；$\varepsilon_{柴油a}$是静电分离之后使用柴油作为稀释剂得到的净化油浆固含量数值；$\varepsilon_{甲苯b}$是静电分离之前使用甲苯作为稀释剂得到的催化裂化油浆固含量数值；$\varepsilon_{甲苯a}$是静电分离之后使用甲苯作为稀释剂得到的净化油浆固含量数值。

为研究外加电压对沥青质与固体颗粒之间竞争吸附的影响规律，在分离时间为40min、加热温度为100℃、填料为直径3.5mm的玻璃球的实验条件下，得到了如图4－15所示的结果。由图4－15可得：被吸附的沥青质和固体颗粒的比率随着电压的升高而逐渐降低，在6000V时，被吸附的沥青质质量是固体颗粒质量的1.6倍；而当电压升高至12000V时，被吸附的沥青质质量降低至固体颗粒质量的0.6倍；当电压为14000V时，被吸附的沥青质质量远小于固体颗粒质量。在电压较低时，由于沥青质比固体颗粒具有更高的电导率，在电场的极化作用下，更容易被吸附至填料的接触点，沥青质对固体颗粒的竞争性更强。随外加电压逐渐增大，被吸附的固体颗粒逐渐增多，使被吸附的沥青质与固体颗粒质量比下降。由4.4.1节中的分析可知：当电压超过12000V时，填料间的接触点被电场击穿。因此，当电压为14000V时，填料基本无法吸附沥青质，使被吸附的沥青质与固体颗粒的质量比值迅速下降。

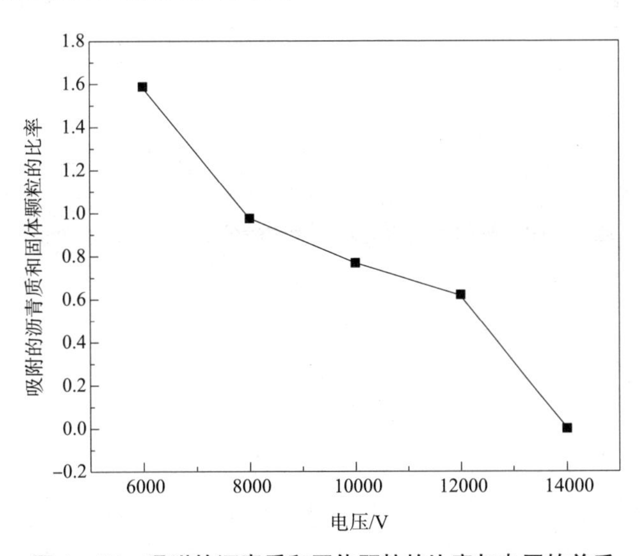

图4－15 吸附的沥青质和固体颗粒的比率与电压的关系

为研究加热温度对沥青质与固体颗粒之间竞争吸附的影响规律，在分离时间为40min、外加电压为8000V、填料为直径3.5mm的玻璃球的实验条件下，得到了如图4－16所示的结果。从图4－16可以看出：吸附的沥青质和固体颗粒的比率随着温度的升高而逐渐降低，在80℃时，吸附的沥青质是催化剂等固体颗粒的1.2倍，而当温度升至120℃时，吸附的沥青质质量相比于催化剂等固体颗粒降低很多。由介电泳力的公式(2－36)可知：介电泳力的大小 F_{DEP} 和粒径的三次方成正比。随加热温度的升高，沥青质和胶质等更难以聚集，其形成的胶团的直径更小，胶团受到的介电泳力也会变小，因此，被吸附的沥青质与固体颗粒的质量比下降。当温度升高至120℃时，沥青质和胶质形成的胶体会受到破坏，被打散为分散状态，而且部分沥青质颗粒会从固态转化为液态消失，从而使被吸附的沥青质的质量远小于催化剂等固体颗粒。综上可得，升高温度会减弱沥青质对固体颗粒的竞争吸附。

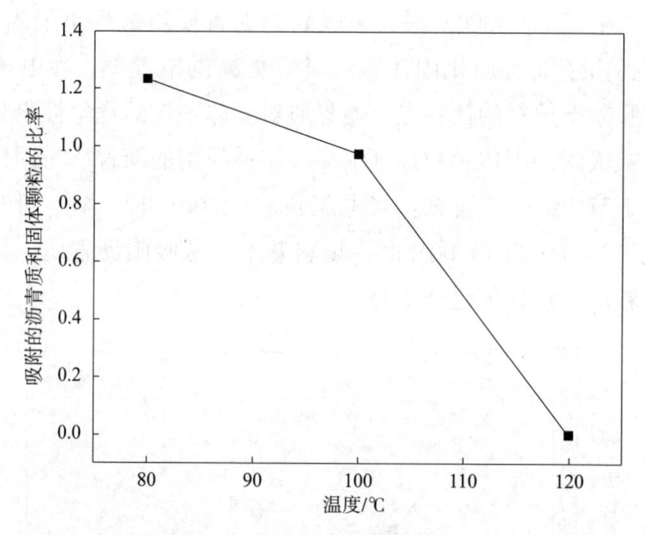

图4－16　吸附的沥青质和固体颗粒的比率与温度的关系

第 5 章　物理模型和几何模型的构建

5.1　物理模型的构建

本书基于 COMSOL 数值仿真软件对用静电法脱除 FCCS 中的固体颗粒过程进行模拟，数值仿真的过程分为两个步骤：第 1 步，求解几何模型中的电场，由于实验条件下外接的电源类型为高压直流恒定电源(HVDC)，因此，利用软件中的静电(es)模块对电场采用稳态求解的方法；第 2 步，在求解出电场后，利用电场的求解结果对颗粒的运动过程进行仿真，需要利用软件中的流体粒子追踪(fpt)模块，对整个计算域内的颗粒运动进行求解，并分析颗粒的运动过程和分离效率。

5.1.1　电场控制方程

静电分离器内的电场是由原始电场(未添加填料时的同轴心圆柱形电容器形成的电场)和退极化场(填料极化形成的电场)相互作用形成的，属于无源场，根据无源场中任意位置处散度为 0 的性质，可以由式(5－1)来求解静电分离器内任意位置处的电势。

$$\nabla^2 U = 0 \tag{5-1}$$

式中，U 为计算域两端的电势差，V。由于电场强度 E 为单位距离上的电势差，因此可由式(5－2)来求解计算域内各个位置处的电场强度。

$$E = -\nabla U \tag{5-2}$$

根据高斯定律，静电场中任意闭合曲面内电位移通量的积分为该闭合曲面内电荷的总量，其微分形式如式(5－3)所示。

$$\nabla \cdot (\varepsilon_0 \varepsilon_r E) = \rho_{qv} \tag{5-3}$$

式中，ρ_{qv} 表示单位体积内的电荷密度，C/m^3。利用式(5－1)～式(5－3)，可以计算出计算域内的电场分布。

5.1.2 流场控制方程

流场的求解基于 COMSOL 数值仿真软件中的 fpt 模块，其颗粒运动的求解通过牛顿第二定律实现，如式(5－4)所示。

$$\frac{4\pi r_{\mathrm{p}}^{3}\rho_{\mathrm{p}}\mathrm{d}u_{j}}{3\mathrm{d}t}=F_{\mathrm{SD},j}+F_{\mathrm{DEP},j}+F_{\mathrm{EG},j} \tag{5-4}$$

式中，关于曳力 F_{SD}、介电泳力 F_{DEP} 和有效重力 F_{EG} 的内容已在第 2 章中详细介绍，这里不再赘述。

根据实验测量得到的结果，本研究中用到的参数及数值如表 5－1 所示(后续章节中若改变参数，将给出必要的说明)。

表 5－1 数值仿真中涉及的参数及数值

参数	数值	描述
$\varepsilon_{\mathrm{r,f}}$	1.7	液相的相对介电常数
$\varepsilon_{\mathrm{r,g}}$	4	填料的相对介电常数
$\varepsilon_{\mathrm{r,p}}$	7	固相的相对介电常数
σ_{f}	2×10^{-7}S/m	液相的电导率
σ_{p}	5×10^{-7}S/m	固相的电导率
ρ_{f}	875kg/m^3	液相密度
ρ_{p}	1000kg/m^3	固相密度
d_{p}	3μm	固相颗粒的直径

5.2 几何模型的构建

静电分离器内部充满了数以万计的填料，由于填料是在自然状态下直接倒入静电分离器中，因此其堆积方式也多种多样，这为建立整个装置的几何模型带来了极大的困难，因此在建立几何模型前对装置做出合理的简化是尤为重要的。Dong 等[115]认为将等径的刚性球体在自然状态下倒入圆柱形容器中时，球体的堆积存在着有序的结构，以六方最密堆积(hcp)和面心立方堆积(fcc)为主，且六方最密堆积的数目要多于面心立方堆积的数目，因此，本书将以 17 个填料组成的 hcp 的堆积方式作为 1 个分离单元，且由于填料直径要远小于 2 个电极板的间距，当填料直径不同时，装置径向距离上分离单元的数目也就不同，如图 5－1 所示。

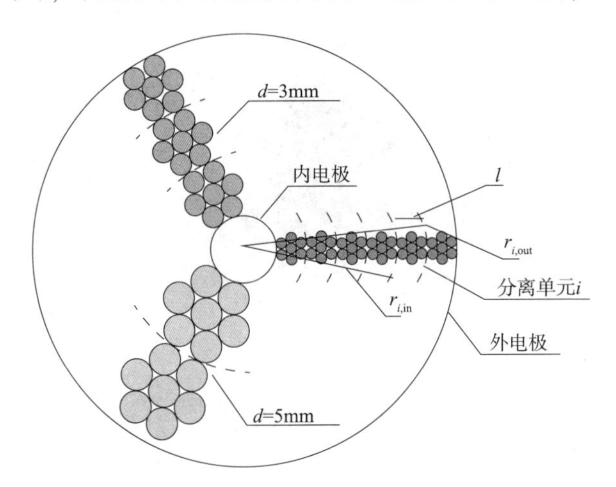

图 5－1　分离单元示意图

另外，根据方云进等[80]提出的“小胞串级”模型可以发现，在单级的小胞模型中，分离效率与填料的高度(静电分离器的轴向高度)无关，也就是说，当催化剂颗粒是均匀分布在静电分离器中时，在径向距离上，所有分离单元的平均效率即为装置的分离效率。假设分离单元的数量为 n，第 i 个分离单元的效率为 δ_i，则整个装置的分离效率可由式(5－5)表示。

$$\delta = \frac{\sum_{i=1}^{n}\delta_i}{n} \tag{5-5}$$

若将分离单元 i 中颗粒的总数记为 $n_{\mathrm{b},i}$，分离完成后，通过后处理过程可以获取吸附在填料表面的颗粒个数，记为 $n_{\mathrm{a},i}$，且在整个分离过程中，液相介质的密度和体积保持不变，则利用 COMSOL 数值仿真软件计算分离效率的公式如式(5－6)所示。

$$\delta_i = 1 - \frac{n_{\mathrm{a},i}}{n_{\mathrm{b},i}} \tag{5-6}$$

当填料的直径不变时，每个分离单元的径向距离 l 是固定的，如图 5－2 所示，因此，在每个分离单元中，电势差 $U_{\mathrm{a},i}$ 可由式(5－7)表示。

$$U_{\mathrm{a},i} = \frac{U \times \ln(l/r_{i,\mathrm{in}} + 1)}{\ln(R_{\mathrm{out}}/R_{\mathrm{in}})} \tag{5-7}$$

式中，U 为施加在内外 2 个电极板上的电势差；R_{in} 和 R_{out} 分别表示内电极和外电极的半径；$r_{i,\mathrm{in}}$ 表示第 i 个分离单元中到内电极板上最短距离处的曲率半径，如图 5－1 所示。最终简化后 1 个分离单元的几何模型和边界条件如图 5－2 所示。

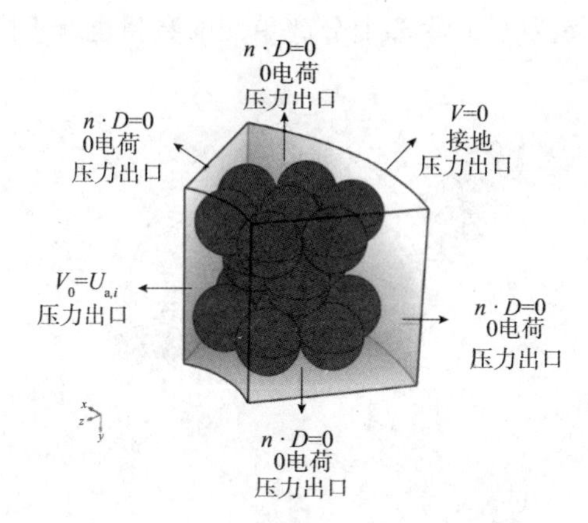

图 5-2 几何模型及边界条件示意图

5.3 网格划分及无关性验证

网格划分的合理性是影响数值模拟结果的关键因素，在本书的几何模型中，由于存在大量的球形填料，对构建六面体网格带来了极大的困难，而四面体网格对于六面体网格来说，能更好地适应在狭缝(填料间的接触点附近)中对于电场和流场的计算，同时，为了提高收敛精度，需要在狭缝处进行局部网格加密。最终划分好的网格结果如图 5-3 所示。

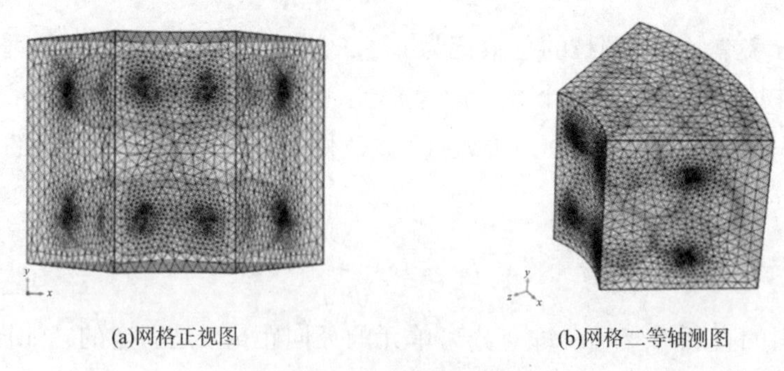

(a)网格正视图　(b)网格二等轴测图

图 5-3 网格划分示意图

判断网格划分的合理性主要包括两个方面：网格的数量和质量。网格越密，数量越多，收敛精度提高，但同时增加了计算时间。在数值仿真之前，本书首先对几何模型划分了四种不同数量的网格，并以计算域内的最大电场强度和平均电场强度作为评价标准，当随着网格数量的提高，计算域内的最大电场强度和平均

电场强度不再变化时，选取最小网格数量的划分结果作为最终仿真用的网格，监测结果如表5－2所示。由表5－2可以看出：当网格域单元数目大于或等于210539时，计算域内的 E_{max} 和 E_{av} 都不再发生变化。

表5－2 网格无关性验证

网格数目	最大电场强度 $E_{max}/(10^5 V/m)$	平均电场强度 $E_{av}/(10^5 V/m)$
15139	28.446	6.0523
79572	29.291	6.0544
210539	28.619	6.0535
500861	28.619	6.0535

网格的质量提高，有利于缩短计算时间，并使整个仿真过程更接近实际过程。在COMSOL中，对于网格质量的评价主要包括平均单元质量和最小单元质量，单元质量为0～1之间的数值，质量越接近1，说明网格的质量越好，本书中网格的质量参数如表5－3所示。综合表5－2和表5－3可以看出：将网格数量为210539的划分结果作为数值仿真使用的网格是可行的。

表5－3 网格质量参数

网格数量	平均单元质量	最小单元质量
210539	0.8139	0.6427

5.4 模型验证

由于静电分离器内部充满填料，结构复杂且存在密集的狭缝，利用测量仪器对装置内的电场进行测量很难实现，因此本节将宏观上测得的分离效率作为评价标准，将实验与模拟得到的分离效率进行对比。填料的直径为10mm，由于填料的直径较大，可以将填料手动排布成六方最密堆积的结构，此时分离单元的数目为1，在电压12～20kV、分离时间为30min的情况下，数值仿真得到的分离效率和实验测得的分离效率如图5－4所示。

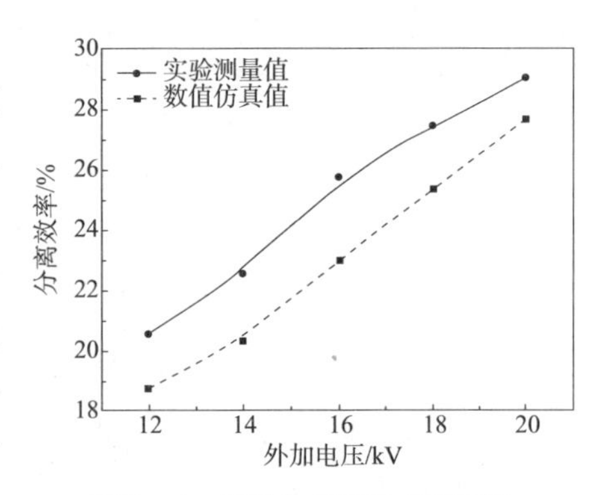

图5－4 实验与模拟的结果对比

由图可以看出：两条曲线的趋势基本相同，随着电压的升高，分离效率均增加，但是增长的速率不高。这是因为填料的直径过大，导致装置中颗粒的运动空间较大，这成为影响分离效率的主要因素，因此即使电压提高了 8kV，分离效率也没有显著地增加。还可发现：数值模拟的结果比实验的结果略低。这是因为在实验的取样过程中，由于液相介质是流动的，并且没有切断电源，导致部分未被吸附的颗粒随液相介质的流动运动到接触点的附近，进而被吸附，导致实验的分离效率与数值仿真结果相比稍高。从整体上来看，数值仿真与实验结果的相对误差最大为10.56%，在允许范围之内，这说明研究中的数值仿真方法是可行的。

第6章　静电分离相关数学模型

6.1　有效接触点模型

在利用静电法脱除FCCS中的催化剂颗粒的过程中，颗粒主要受到电场、流场以及重力场3种力场的作用，由式(2-36)可知，装置内电场的分布对颗粒所受到的介电泳力有很大的影响，这主要与2个电极板间施加的电压和装置内电场的不均匀程度有关系，进而对分离效率产生影响。根据前人的研究[64]发现，填料间的接触点是吸附颗粒主要位置，因此，对静电分离器内的电场，尤其是填料间接触点附近的电场进行研究尤为重要。

本节首先研究了改变外加电压条件下静电分离器内电场分布的变化规律，然后通过对填料间接触点附近电场强度的分析，发现并不是所有填料间的接触点都可以达到吸附颗粒的效果，并根据电介质极化的相关理论，推导出“有效接触点”理论模型，这将为后续静电分离器的结构优化工作提供理论基础。

6.1.1　外加电压对装置内电场分布的影响

本节以直径3mm的填料为例，将填料排布成六方堆积形式，施加的电压为5000~15000V，并选取不同的截线，研究不同的电压对静电分离器内电场分布的影响。截线的位置示意图如图6-1所示，在不同的电压下，不同截线上的电场强度如图6-2所示。

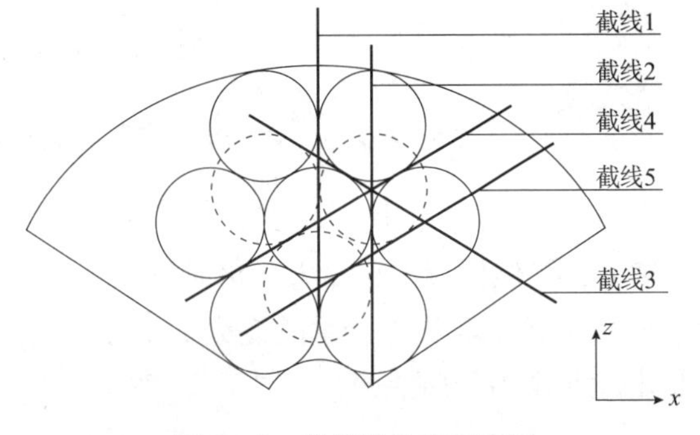

图6-1　截线的位置示意图

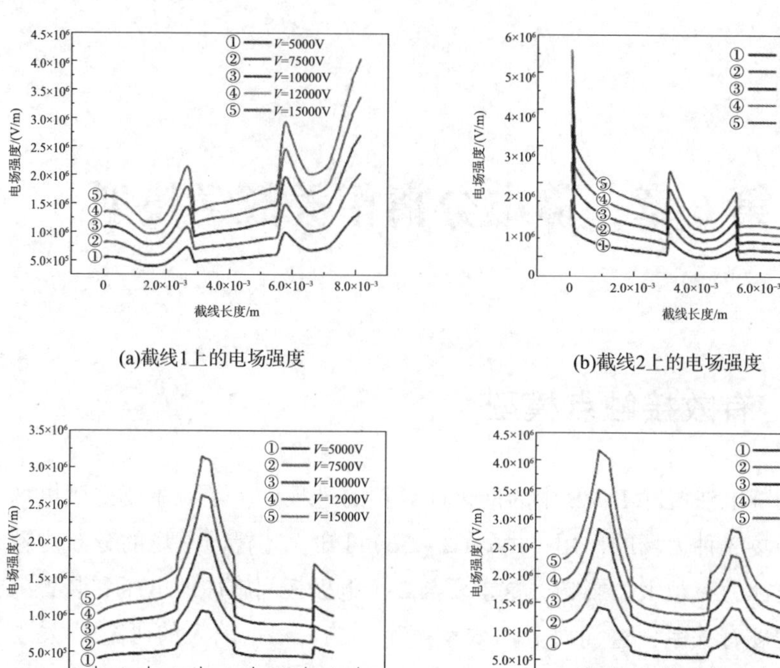

(a)截线1上的电场强度

(b)截线2上的电场强度

(c)截线3上的电场强度

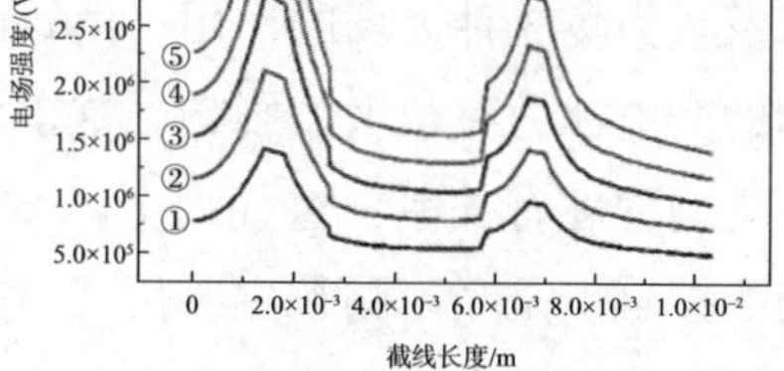

(d)截线4上的电场强度

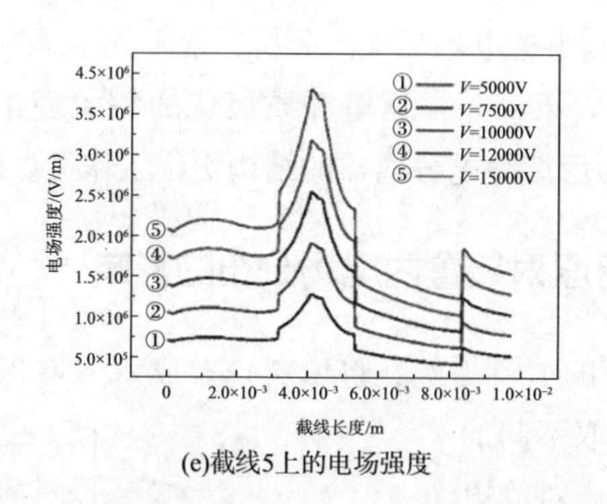

(e)截线5上的电场强度

图6－2　不同截线在不同电压下的电场强度

由图6－2可以看出：随着电压的增大，在装置内部中不同位置处的电场强度均增大，且假设当电压增大 n 倍时，在装置内的相同位置处，其电场强度也变为原来的 n 倍，即当电压由 U_1 变为 U_2 时，在装置内部的相同位置，其电场强度的变化可由式(6－1)表示。

$$E_2 = \frac{U_2}{U_1} \times E_1 \tag{6-1}$$

式中，E_1表示静电分离器内某位置处在外加电压为U_1时的电场强度，E_2表示该位置在外加电压为U_2时的电场强度。

在图6-2中截线上的某个位置处，会发生电场强度的突变，例如图6-2(b)中截线上的左右两个端点处，该位置为液相和填料的分界面，当电场穿过液相介质进入填料内部时，满足式(6-2)

$$a_n \cdot (D_g - D_f) = \rho_s \tag{6-2}$$

即

$$D_{n,g} - D_{n,f} = \rho_s \tag{6-3}$$

式中，a_n表示垂直于分界面从液相介质指向填料的单位法向矢量；$D_{n,g}$和$D_{n,f}$分别表示填料介质和液相介质中电通量密度的法向分量[图6-3(a)]，C/m^2；ρ_s表示分界面中单位面积内的电荷密度，C/m^2。

当分界面在两种不同的电介质之间时，若非特意地放置，一般并不存在任何自由面电荷密度。因此，排除放置的可能性，穿过介质分界面的电通量密度的法向分量是连续的，即：

$$D_{n,g} = D_{n,f} \tag{6-4}$$

又由于电通量密度为相对介电常数和电场强度的矢量积，因此得到下式

$$\varepsilon_{r,f} \cdot E_{n,f} = \varepsilon_{r,g} \cdot E_{n,g} \tag{6-5}$$

式中，$\varepsilon_{r,f}$和$\varepsilon_{r,g}$分别表示液相介质和填料的相对介电常数；$E_{n,f}$和$E_{n,g}$分别表示在分界面处液相介质和填料的电场强度在法向上的分量。

在切向方向上，由于静电场是保守场，因此满足$\oint E \cdot dl = 0$。将这个结论应用于穿越分界面的闭合路径$abcda$，如图6-3(b)所示，闭合路径由两条长度为Δw且平行于分界面两侧的线段ab、cd和两条长度较短为Δh且垂直于分界面的线段bc、da组成。当$\Delta h \rightarrow 0$时，线段bc、da对线积分$\oint E \cdot dl$的贡献可以忽略不计，因此可得公式(6-6)。

$$(E_f - E_g) \cdot \Delta w = 0 \tag{6-6}$$

如果定义$\Delta w = \Delta w \cdot a_t$，其中$a_t$为平行于分界面的单位矢量，则式(6-6)变为下式：

$$a_t \cdot (E_f - E_g) = 0$$

$$E_{t,f} = E_{t,g} \tag{6-7}$$

式中，$E_{t,f}$和$E_{t,g}$分别是电场强度在液相介质和填料交界面处的切向分量。

式(6－7)表明分界面上电场强度的切向分量总是连续的。因此，假设交界面处液相介质一侧的电场强度为 E_{f}，结合式(6－5)和式(6－7)可得，交界面处填料侧的电场强度 E_{g} 如式(6－8)所示。

$$E_{g} = \sqrt{E_{t,f}^{2} + \left(\frac{E_{n,f} \times \varepsilon_{f}}{\varepsilon_{g}}\right)^{2}} \tag{6-8}$$

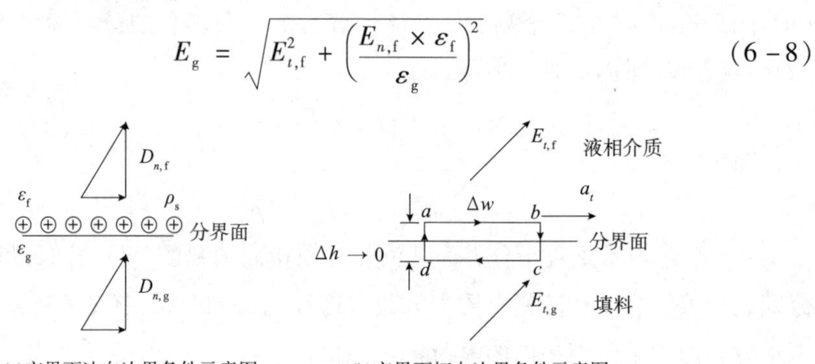

(a)交界面法向边界条件示意图　(b)交界面切向边界条件示意图

图6－3　交界面处电场强度突变原理示意图

结合式(6－8)可以发现：由于在分界面的两侧，电介质的相对介电常数不同，因此在分界面两侧电场强度会发生突变，在图6－2的曲线上反映为第1类间断点的形式。由图6－2还可以发现：电压增大只改变了电场强度的大小，并没有改变装置内部电场的分布，即电场在某一方向上的变化率并没有改变，但是根据前人的研究结果[74,75]，增大外加电压会提高分离效率。由式(6－2)可以发现：仅外加电压发生变化时，装置内部电场强度平方的梯度 $\nabla|E|^{2}$ 将直接影响颗粒的受力大小，从而影响分离效率。为了探究电压的增加对电场强度平方的散度的影响，绘制出不同电压下不同截线上的电场强度平方的散度曲线图，如图6－4所示。由于在同一截线的不同位置处，电场强度平方的散度差值较大，为了可以更明显地看到电场强度变化的趋势，在图6－4中，表示电场强度平方的梯度的纵轴采用以10为底的对数坐标轴表示。

由图6－4可以发现：随着电压的增大，电场强度平方的梯度也增大，从而导致静电分离器内部的颗粒介电泳力提高，使分离效率提高。在同一条截线上，电场强度平方的梯度的变化趋势相同，仅数值上有了改变。原因如下：假设在电压为 U_{1} 时，装置内电场强度 E_{1} 关于 x、y、z 轴的函数为 $f_{1}(x,y,z)$，当电压变为 U_{2} 时，由图6－2得出的结论，电场强度 E_{2} 可以由式(6－9)表示

$$E_{2} = f_{2}(x,y,z) = \frac{U_{2}}{U_{1}} f_{1}(x,y,z) \tag{6-9}$$

又由于当电压为 U_{1} 时，任意三维截线上电场强度平方的散度 $\nabla|E_{1}|^{2}$ 为

$$\nabla|E_1|^2 = \sqrt{\left[\frac{\partial f_1^2(x,y,z)}{\partial x}\right]^2 + \left[\frac{\partial f_1^2(x,y,z)}{\partial y}\right]^2 + \left[\frac{\partial f_1^2(x,y,z)}{\partial z}\right]^2} \quad (6-10)$$

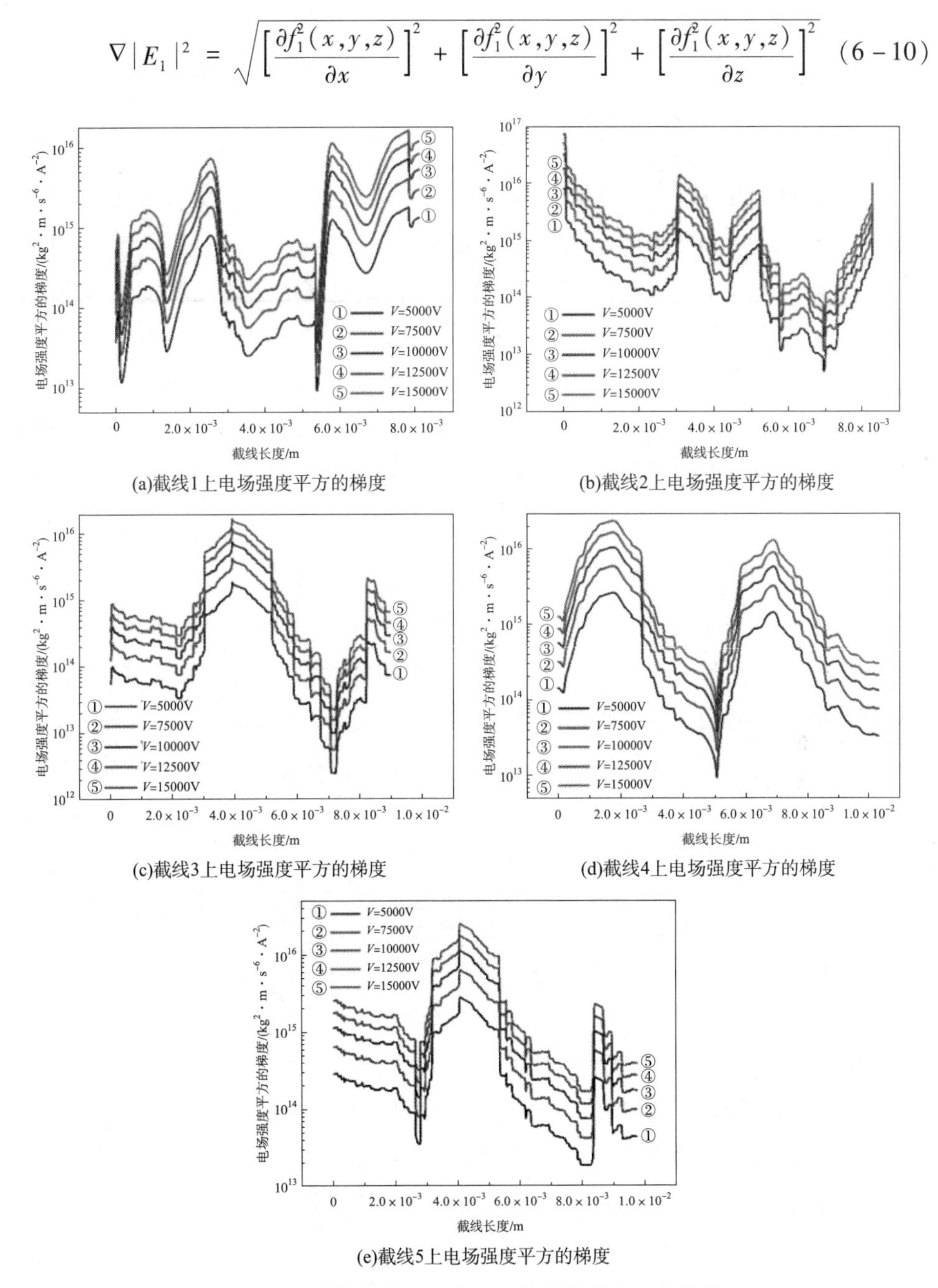

(a)截线1上电场强度平方的梯度　(b)截线2上电场强度平方的梯度

(c)截线3上电场强度平方的梯度　(d)截线4上电场强度平方的梯度

(e)截线5上电场强度平方的梯度

图6-4　不同截线在不同电压下的电场强度平方的散度

结合式(6-9)和式(6-10)可以得出：当电压为 U_2 时，电场强度平方的梯度 $\nabla|E_2|^2$ 为

$$\nabla|E_2|^2 = \sqrt{\left[\frac{\partial f_2^2(x,y,z)}{\partial x}\right]^2 + \left[\frac{\partial f_2^2(x,y,z)}{\partial y}\right]^2 + \left[\frac{\partial f_2^2(x,y,z)}{\partial z}\right]^2}$$
$$= \left(\frac{U_2}{U_1}\right)^2 \nabla|E_1|^2 \tag{6-11}$$

这表明当静电分离器内的外加电压增加到原来的 n 倍时，装置内部电场强度平方的梯度会增加到原来的 n^2 倍，进而提高分离效率。

在非均匀电场中，通常用不均匀系数 f 来衡量电场的不均匀程度，其定义式为在计算域内电场强度的最大值 E_{max} 和平均值 E_{av} 的比值，是无量纲数。当 $2 < f < 4$ 时，称为稍不均匀电场；当 $f > 4$ 时，称为极不均匀电场。在 FCCS 所用的静电分离器中，由于内部填料的存在，电场分布十分复杂，因此，需要基于离散化思想，通过后处理得到每个分离单元内不均匀系数 f 的计算式，如式(6-12)所示。

$$f = \frac{n \times \max\{E_{\Delta 1}, E_{\Delta 2}, \cdots, E_{\Delta n}\}}{\sum_{i=1}^{n} E_{\Delta i}} \tag{6-12}$$

式中，$E_{\Delta i}$ 表示装置内每个网格内通过计算得到的电场强度，不同外加电压下计算域内的最大电场强度，平均电场强度以及不均匀系数如表 6-1 所示。

表 6-1　不同电压下的电场不均匀系数

外加电压 U/V	电场强度最大值 E_{max}/(10^5 V/m)	电场强度平均值 E_{av}/(10^5 V/m)	不均匀系数 f
5000	28.619	6.0535	4.7277
7500	42.928	9.0802	4.7277
10000	57.237	12.107	4.7277
12500	71.547	15.134	4.7277
15000	85.856	18.160	4.7277

由表 6-1 可以看出：当电压增大时，静电分离器内的最大电场强度和平均电场强度均增大，但是不均匀系数保持不变。结合图 6-2 和图 6-4 可以看出：电压增大并不会改变静电分离器内电场分布的变化，分离效率提高的根本原因是增大了电场强度平方的梯度。

6.1.2　模拟建立过程

在 FCCS 用静电分离器分离过程中，装置内存在数以万计的填料，其堆积方式十分复杂，根据陈光静[116]的研究结果，本节以六方最密堆积、面心立方堆积、

体心立方堆积和简单立方堆积为研究对象，其结构如图6－5所示。在填料直径3mm、外加电压5000V的情况下，通过数值仿真的方法，探究堆积方式对电场分布的影响。

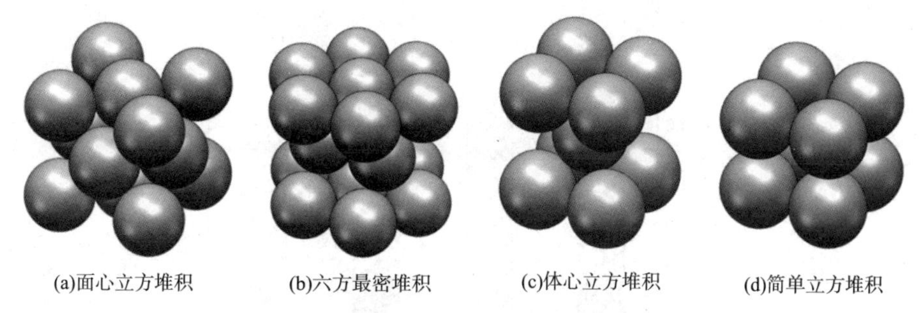

图6－5　不同填料堆积方式的结构示意图

图6－6表示的是在不同填料堆积形式下分离单元内的径向距离 l 的长度，需要注意的是，在不同的堆积方式下，计算域中施加电压两端的间距 l 不同，为了确保本节的仿真研究仅仅是改变了填料的堆积方式这一单独的变量，当堆积方式不同时，应该施加不同的电压。又由5.1.1节的结论可知，施加电压的不同不会引起不均匀系数 f 的变化，因此在本节中，4种堆积方式均取外加电压5000V，这种方法是合理的。

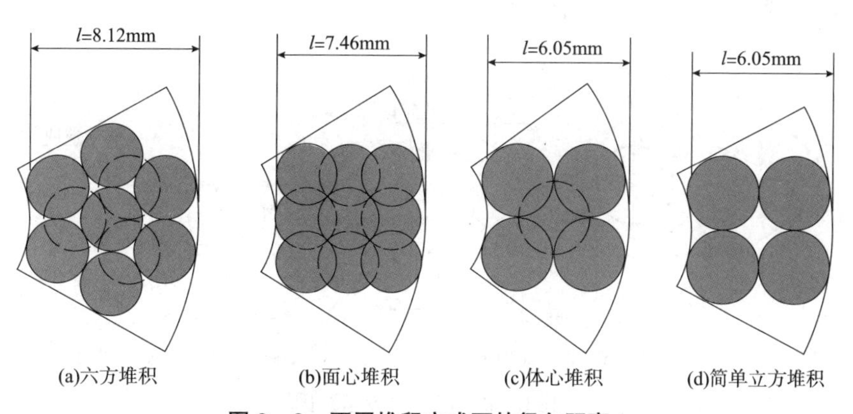

图6－6　不同堆积方式下的径向距离 l

图6－7为不同填料的堆积方式下计算域内的不均匀系数，在4种堆积方式中，不均匀程度按照六方堆积、面心堆积、体心堆积和简单立方堆积的顺序依次降低。其中，六方堆积和面心立方堆积的不均匀系数均大于4，属于极不均匀电场。这种现象的原因是在不同的填料堆积方式下，计算域中接触点的数目是不同的。按图6－5中的顺序，4种堆积方式中填料的个数分别为14、17、9和8，且

接触点的数目分别为36、45、16和12，由于在接触点的附近，电场梯度较高[90]，因此当接触点的数目增加时，电场的不均匀系数增大。

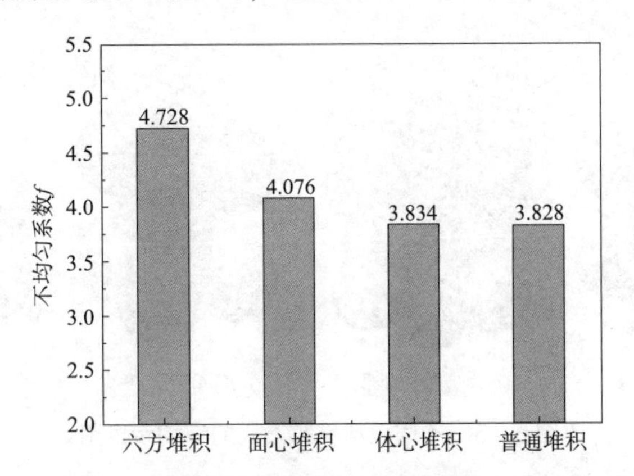

图6－7　不同填料堆积方式下的不均匀系数 f

根据方云进等[80]的研究结果，发现填料间的接触点是颗粒吸附的主要位置，因此对接触点的分析尤为重要，在本节中，选取六方最密堆积的堆积方式为研究对象，重点对填料之间的接触点进行研究。在1个六方最密堆积中，共有45个接触点，但是由于计算域具有对称性，因此不必对每个接触点进行研究，最终选取的截面如图6－8所示。

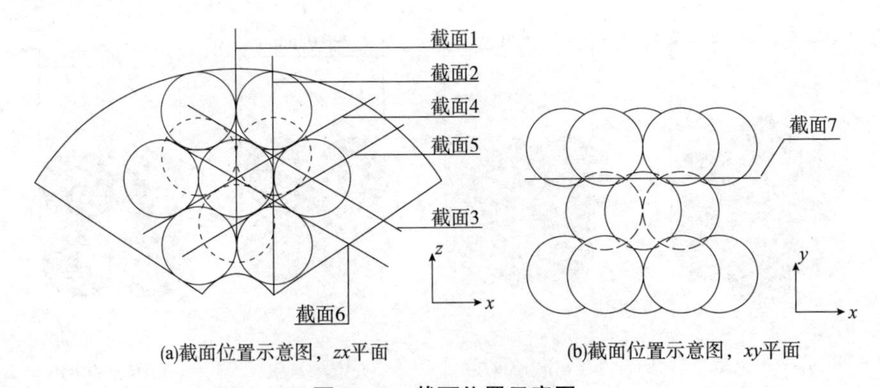

图6－8　截面位置示意图

每个截面上接触点的位置如图6－9所示。

介电泳力是引起颗粒吸附的主要驱动力，在FCCS的分离过程中，通常有 $\varepsilon_{r,p} > \varepsilon_{r,f}$，因此，颗粒会受到正向介电泳力，向电场强度增大的方向移动[117]。在式(2－36)中，只有电场强度是矢量，所以在后处理过程中求解电场强度平方的梯度 $\nabla|E|^2$ 的值就可以得到颗粒的运动方向，其求解的方法由式(6－13)得到。

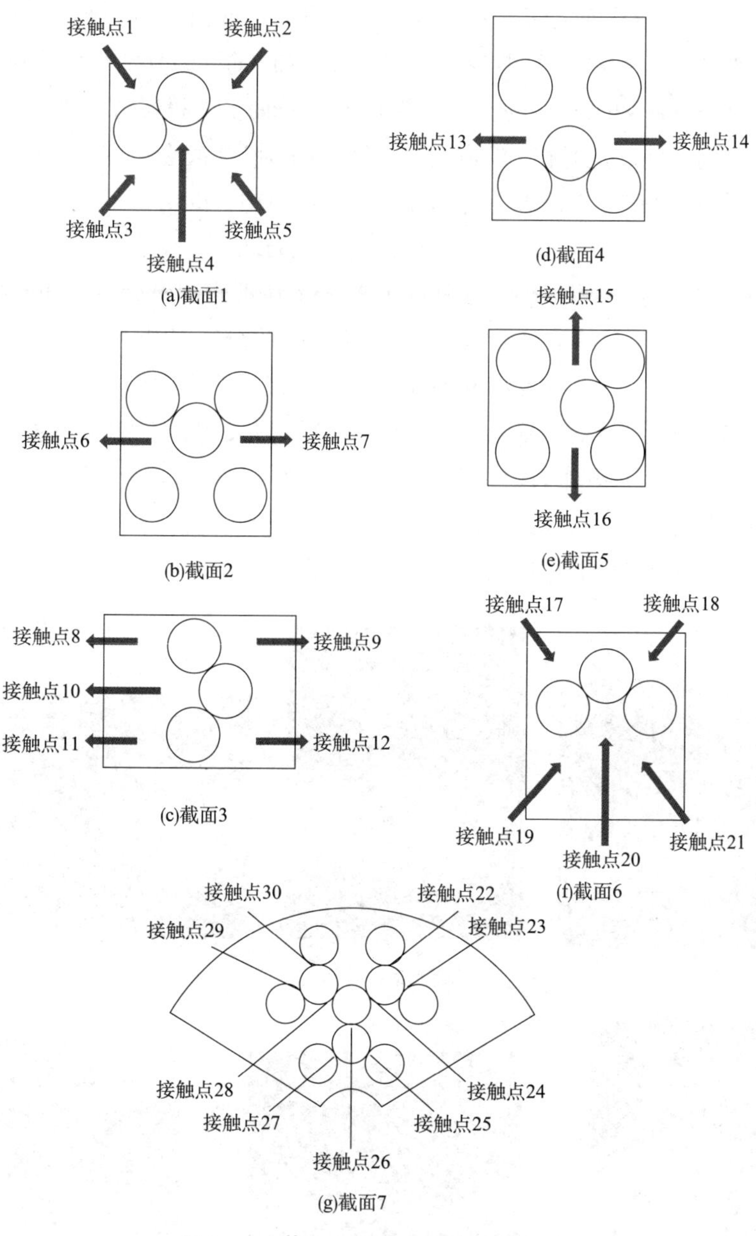

图6－9　截面上接触点的位置示意图

$$\nabla|E_{ij}|^2 = \sqrt{\left[\frac{\partial(E_x + \overrightarrow{E_y} + \overrightarrow{E_z})^2}{\partial i}\right]^2 + \left[\frac{\partial(\overrightarrow{E_x} + \overrightarrow{E_y} + \overrightarrow{E_z})^2}{\partial j}\right]^2}$$
$$= \sqrt{\left[\frac{\partial(E_x^2 + E_y^2 + E_z^2)}{\partial i}\right]^2 + \left[\frac{\partial(E_x^2 + E_y^2 + E_z^2)}{\partial j}\right]^2} \tag{6-13}$$

式中，i 和 j 为截面上两个互相垂直的向量。在截面 1 和 2 上，i 和 j 的方向分别与 x 轴和 y 轴的方向相同；在截面 7 上，i 和 j 的方向分别与 x 轴和 z 轴的方向相同；在截面 6－6 中，i 的方向与截面在 xz 平面上的投影方向平行，j 的方向与 y 轴的方向相同。这时在 i 的方向和 x 轴(或 z 轴)之间会产生 1 个夹角 α (或 β，并且满足 $\alpha \neq 90°$，$\beta \neq 90°$)，则在式(6－13)中，di 可由下式表示

$$di = \cos\alpha dx + \cos\beta dz \quad (6-14)$$

应用式(6－14)，可以使电场强度 E 的分量在不同的坐标系之间转换，给后处理过程带来了极大的方便。处理后电场强度的分布和颗粒的运动方向由图 6－10所示。图中背景颜色表示电场强度，箭头仅表示介电泳力的方向，而不代表介电泳力的量级。结合图 6－9 和图 6－10 可以发现，在不同的接触点附近，电场强度的分布和介电泳力的方向并不是相同的，在有的接触点附近，介电泳力的方向指向接触点，例如接触点 6～12；还有一些介电泳力则背离接触点，例如接触点 1～5，这说明有些接触点无法起到吸附颗粒的作用。

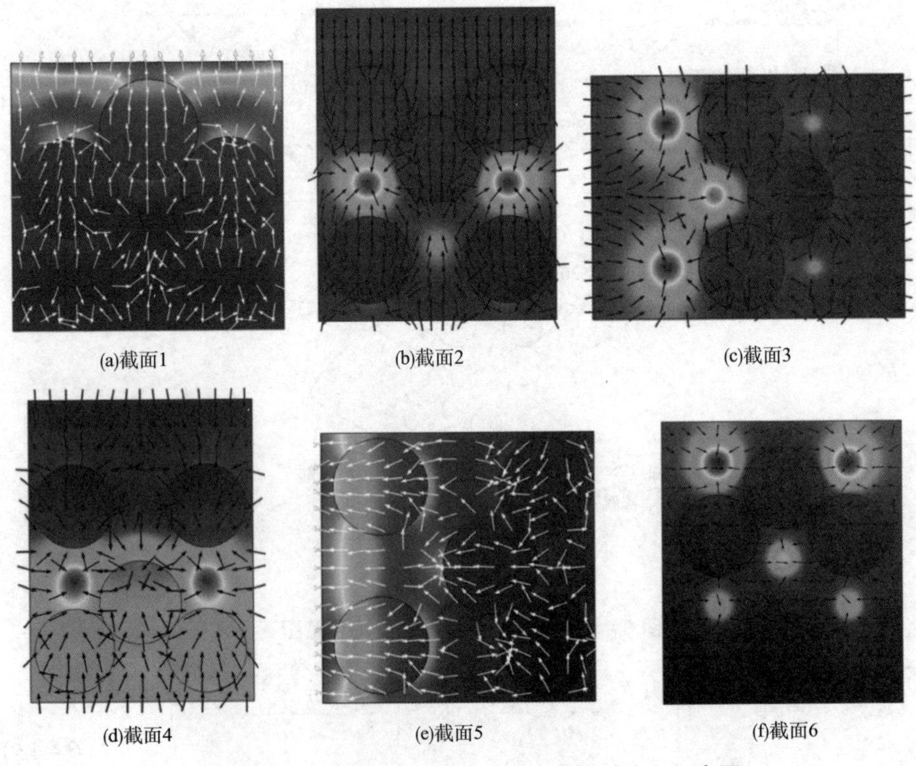

图 6－10　截面上的电场分布和颗粒运动方向示意图

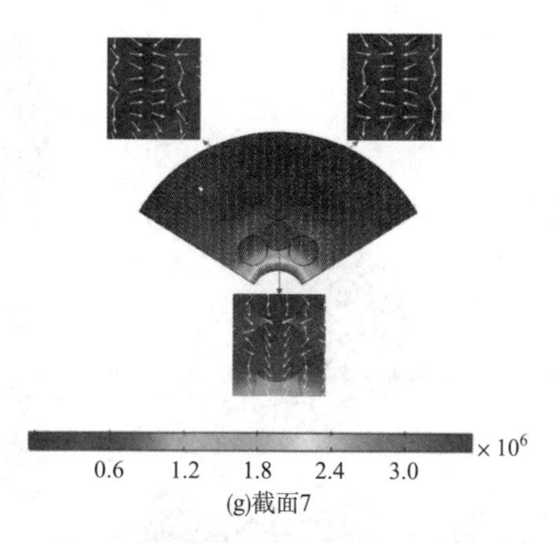

(g)截面7

图6－10　截面上的电场分布和颗粒运动方向示意图(续)

图6－11(a)和图6－11(b)分别表示了接触点3和6附近的电场强度，其中，坐标点(0，0)表示接触点的位置，纵坐标表示电场强度。由图6－11(a)可以看出：接触点3处的电场强度比附近的位置低28.89%，等于137，552V/m，随着距接触点3的距离增大，电场强度增大且增长速率升高。与此相反，接触点6的电场强度比附近提高了89.66%，等于3，394，254V/m，随着距接触点6的距离的增加，电场强度降低且降低的速率加快。

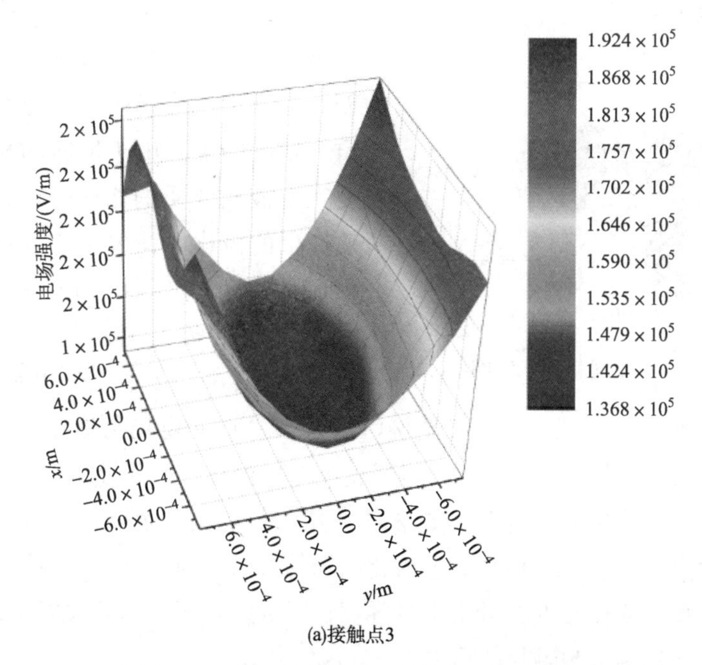

(a)接触点3

图6－11　不同接触点附近的电场强度分布图

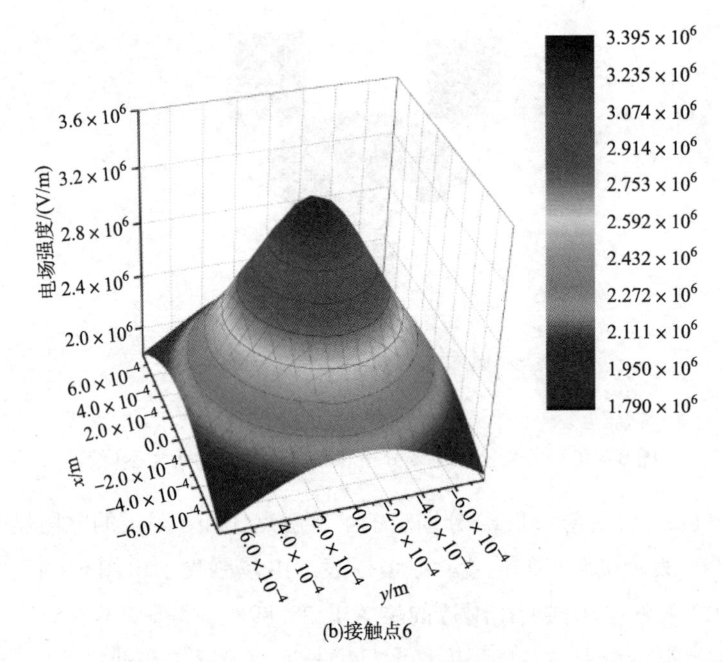

(b)接触点6

图 6-11　不同接触点附近的电场强度分布图(续)

上述现象主要是由于原始电场和填料极化后的电场相互作用形成的，填料极化的示意图如图 6-12 所示。

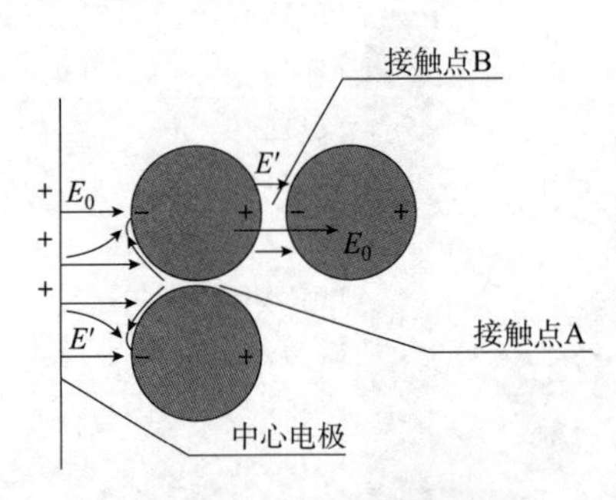

图 6-12　填料极化示意图

为了更直观地解释电场强度的分布，在图 6-12 中，填料间并非是相切的，而是有一定的间隙。由于填料的相对介电常数要大于液相介质的相对介电常数，液相介质产生的极化电荷要少于填料产生的极化电荷，因此，在图 6-12 中第 1 列填料的左侧将产生负电荷，右侧将产生正电荷[117]。在图 6-12 中，E_0 表示原始电场，E' 表示退极化电场。从中心电极至接触点 A 处，原始电场与退极化电场的方向先相同再相反，这将导致此处的电场强度先增加再减小，并且随着距接触点 A 的距离减小，退极化电场的电场线越来越密集，使电场强度下降的速率增大。同理，在接触点 B 处，原始电场和退极化电场的方向相同，且距离接触点越近，电场线越为密集，使接触点 B 处的电场强度在附近区域内达到极大值。这说明有些接触点处无法达到吸附颗粒的目的。

研究不同接触点处的电场分布，对改善静电分离器的结构，提高装置的分离效率具有重大的意义。通过上述的研究，本书认为接触点处的电场强度与原始电场强度的方向和接触点两侧填料中心连线的夹角 θ 有关，如图 6－13 所示。

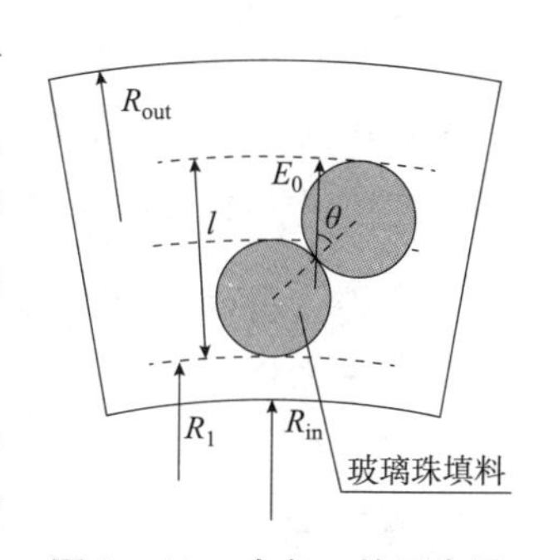

图 6－13　夹角 θ 的示意图

当填料完全极化后直至原始电场和退极化电场相互作用达到平衡后，装置内任意位置的电场强度 E 等于 $E_0 + E'$。假设填料属于各向同性线性电介质，则在填料内部，E_0 和 E' 的方向处处相反，原始电场在沿填料直径 d_g 方向上产生的电势差可以由式(6－15)表示。

$$\Delta U = \frac{U_a}{\ln(R_{out}/R_{in})} \times \ln\left(\frac{R_1 + d_g}{R_{in}}\right) - \frac{U_a}{\ln(R_{out}/R_{in})} \times \ln\left(\frac{R_1}{R_{in}}\right)$$
$$= \frac{U_a}{\ln(R_{out}/R_{in})} \times \ln\left(\frac{R_1 + d_g}{R_1}\right) \tag{6-15}$$

式中，ΔU 表示 1 个填料两端的电势差；R_{out} 和 R_{in} 分别表示装置中内、外电极的半径；R_1 表示填料表面距离内电极的最短距离。

由式(6－15)可以发现，当 d_g 远远小于 R_1 时，满足 $\frac{R_1 + d_g}{R_1} \approx 1$，即 $\Delta U \approx 0$，则原始电场在沿填料直径方向上产生的电场可以近似为匀强电场。根据电介质极化的基本原理[118]，退极化电场 E' 可以由式(6－16)表示。

$$E' = P/3\varepsilon_{r,f} \tag{6-16}$$

式中，P 表示极化强度，C/m^2；极化强度 P 和电场强度 E 的关系可以由式(6－17)表示。

$$P = (\varepsilon_{r,g} - 1) \cdot \varepsilon_{r,f} \cdot E \tag{6-17}$$

另外，由于 E_0 和 E' 的方向相反，即满足式(6－18)。

$$E = E_0 - E' \tag{6-18}$$

联立式(6－16)～式(6－18)，可以得到电场强度 E 与原始电场强度 E_0 的关系，因此，在接触点处，填料内部电场强度的切向分量和法向分量可以由式(6－19)和式(6－20)表示。

$$E_n = E\cos\theta = 3E_0\cos\theta/(\varepsilon_{r,g} + 2) \tag{6-19}$$

$$E_t = E\sin\theta = 3E_0\sin\theta/(\varepsilon_{r,g} + 2) \tag{6-20}$$

在5.1.1节中，已经得到了关于填料与液相介质的交界面处电场强度的关系，联立式(6－8)、式(6－19)和式(6－20)，可以得到在接触点处填料外侧的电场强度模量，如式(6－21)所示。

$$E = \sqrt{\left[\frac{3\varepsilon_{r,g}E_0\cos\theta}{(2+\varepsilon_{r,g})\varepsilon_{r,f}}\right]^2 + \left(\frac{3E_0\sin\theta}{2+\varepsilon_{r,g}}\right)^2} = \frac{3E_0}{(2+\varepsilon_{r,g})\varepsilon_{r,f}}\sqrt{(\varepsilon_{r,g}^2-\varepsilon_{r,f}^2)\cos^2\theta+\varepsilon_{r,f}^2} \tag{6-21}$$

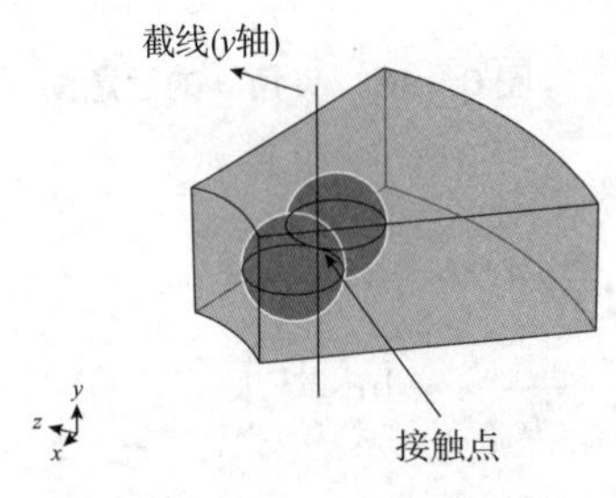

图6－14　几何模型示意图

为了研究上述分析的正确性，建立了1个简单的几何模型进行验证，几何模型如图6－14所示。由于电极板为同心圆柱形，且填料为球形，两者都具有轴对称的特性，因此选择夹角θ的范围为0°～90°，且间隔为10°；为了便于后处理的过程，将坐标点(0，0)定义为接触点的坐标，并且选择穿过接触点的截线(y轴)来研究接触点处电场强度的变化，如图6－14所示。

图6－15绘制了在不同夹角下接触点处电场强度的变化情况，可以发现，夹角θ的变化确实会引起接触点处电场强度的变化，随着夹角的增大，接触点处的电场强度逐渐减小。当夹角θ从90°变化到0°时，电场强度增长了216.40%；当夹角θ为80°和90°时，截线上接触点处的电场强度由极大值变成了极小值。这种情况将不利于催化剂颗粒的吸附。

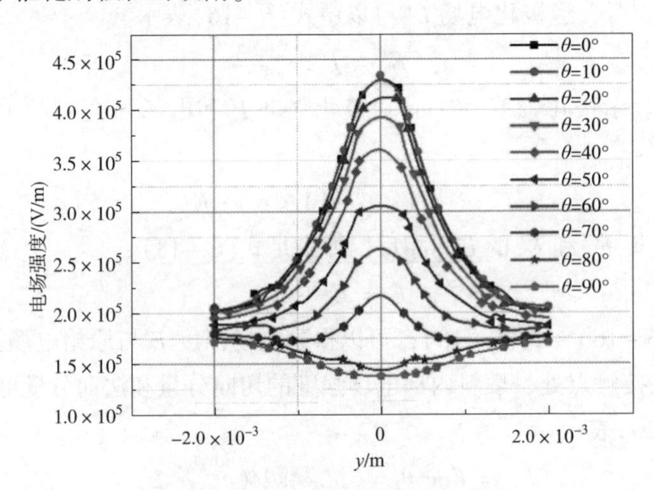

图6－15　截线上的电场强度变化

为了验证式(6－21)的正确性，将不同夹角下接触点处的电场强度绘制成曲线，并与式(6－21)的计算值做比较，如图6－16所示。注意到在式(6－21)中，存在原始电场强度E_0和夹角θ两个变量，为了更方便比较，在这里定义1个无量纲数β，表示装置内相同位置处电场强度与原始电场强度的比值，其定义式如式(6－22)所示。

$$\beta = \frac{E}{E_0} = \frac{3}{(2+\varepsilon_{r,g})\varepsilon_{r,f}}\sqrt{(\varepsilon_{r,g}^2-\varepsilon_{r,f}^2)\cos^2\theta+\varepsilon_{r,f}^2} \tag{6-22}$$

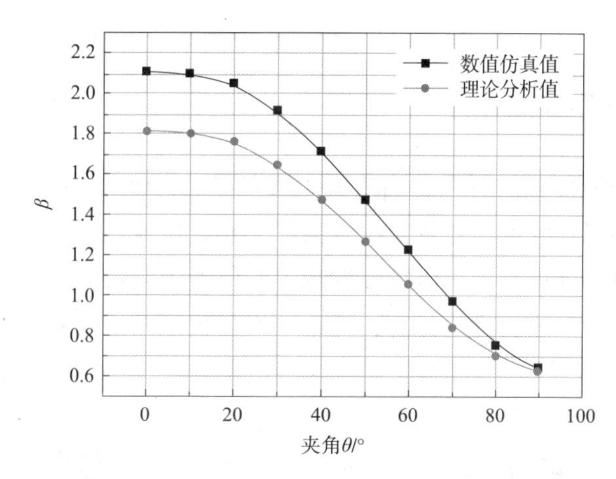

图6－16　数值仿真值和理论分析值的比较

通过比较可以发现，当夹角θ增大时，两条曲线都呈现出逐渐下降的趋势，且下降的速率都是先增大后减小。当$\theta=0°$时，两条曲线的相对误差都达到了最大值，为13.86%。随着夹角的增大，相对误差逐渐减小，这说明式(6－22)是合理的。在图6－13中，两个填料间的径向距离l等于$d_g(1+\cos\theta)$，当夹角θ增大后，l逐渐减小，这将更满足前面对填料两端的电场近似为匀强电场的条件，因此，随着夹角θ的增大，两条曲线间的相对误差越来越小。

综合上述的分析并加以完善，本文提出了一个称为“有效接触点”的模型，其具体内容如下：在内部充满球形填料的同轴心圆柱形静电分离器中，并不是所有的接触点可以达到吸附颗粒的效果，接触点处的电场强度E与原始电场的电场强度E_0的方向和接触点两侧填料中心连线的夹角θ以及接触点所处的径向位置r有关系，其具体关系如式(6－23)所示。式中，a为修正因子，它的值可能与填料的介电特性等有关，这将在后续章节进行具体研究。

$$E = \frac{3aU\sqrt{(\varepsilon_{r,g}^2-\varepsilon_{r,f}^2)\cos^2\theta+\varepsilon_{r,f}^2}}{r(2+\varepsilon_{r,g})\varepsilon_{r,f}\ln(R_{out}/R_{in})} \tag{6-23}$$

“有效接触点”模型的建立，对改善静电分离器的结构，提高静电分离器的效率提供了潜在的帮助，在今后对静电分离器的设计中，可以设计一种有序的填料堆积方式，增加有效接触点的数目，尽量避免装置中出现不能吸附颗粒的接触点，达到节省空间、降低成本，并提高分离效率的目的。

6.2 单元有效吸附率模型

6.2.1 模型建立过程

由“有效接触点”理论可知，当角度 θ 较大时，填料接触点处的电场强度等于或小于其周围的电场强度而对颗粒没有吸附作用，但应用式(6－23)不能求解出填料接触点处电场强度与周围电场强度相等时的特征角度 θ，因此需要系数 a 进行修正，首先去除 a 进行理论计算，理论结果与模拟结果的对比情况如图 6－17 所示。

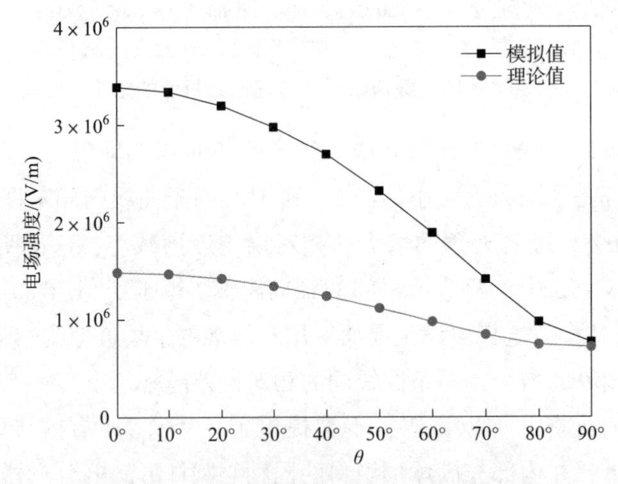

图 6－17 填料接触点处场强模拟值和理论值

根据模拟结果，当角 $\theta=71°$时，接触点处场强 E 大于无填料时场强 E_0；当 $\theta=72°$时，E 小于 E_0。因此存在一角度 θ 处于 71°～72°时，E 等于 E_0，这个角度就是判断接触点能够吸附颗粒的特征角度。因此取角 θ 为 71.2°、71.4°、71.6°和 71.8°，模拟四个角度下接触点处场强 E 大小并与 E_0 进行比较，如图 6－18 所示。

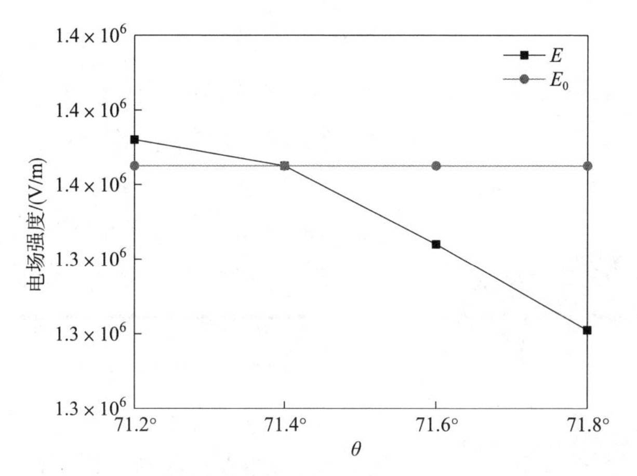

图6－18　不同角度下 E 与 E_0 大小

由图6－18可以看出：当 $\theta=71.4°$ 时，$|E|=|E_0|$；当 $\theta<71.4°$，$|E|>|E_0|$，此时填料接触点对催化剂颗粒有吸附作用；当 $\theta>71.4°$，$|E|<|E_0|$，此时接触点对催化剂颗粒没有吸附作用。设一无量纲常数 α，称 α 为"场强有效比"，α 在数值上等于 E 与 E_0 大小的比值，因此可得到式(6－24)：

$$\alpha=\frac{|E|}{|E_0|}=\frac{3a}{(2+\varepsilon_{r,g})\varepsilon_{r,f}}\sqrt{(\varepsilon_{r,g}^2-\varepsilon_{r,f}^2)\cos^2\theta+\varepsilon_{r,f}^2} \tag{6-24}$$

将 $\theta=71.4°$ 代入上式并令 $\alpha=1$，可求得 $a=1.65$，因此可得到式（6－25）：

$$\alpha=\frac{4.95\sqrt{(\varepsilon_{r,g}^2-\varepsilon_{r,f}^2)\cos^2\theta+\varepsilon_{r,f}^2}}{(2+\varepsilon_{r,g})\varepsilon_{r,f}} \tag{6-25}$$

由于催化剂颗粒受正向介电泳力作用而向电场强度增大的方向移动，因此当 $\alpha>1$ 时，接触点对催化剂颗粒有吸附作用，并且 α 值越大，接触点吸附能力越强。静电分离器中填充满了球形填料，在自然状态下呈无规则排列，为便于对比分析，可以假设静电分离器内的球形填料为有序堆积，并研究不同堆积方式下的颗粒分离效率。

以一种简单堆积方式为一个分离单元进行研究，如图6－19所示。针对此分离单元，设置一个无量纲数 β，表示分离单元的空间占有率，在数值上等于所有球体所占体积 V_1 和与球体外侧将分离单元包围的空间的体积 V_2 之比(包围填料球的空间各表面都与分离单元的球体相切)，公式为：

$$\beta=\frac{V_1}{V_2} \tag{6-26}$$

通过 α 与 β 可针对此分离单元求得一个参数 η，为"单元有效吸附率"，如式(6－27)所示。

$$\eta = \beta \times \sum \alpha \qquad (6-27)$$

式中，$\sum \alpha$ 表示分离单元中所有对颗粒有吸附能力($\alpha > 1$，$\theta < 71.4°$)的接触点的场强有效比之和；β 表示分离单元的空间占有率；单元有效吸附率 η 即用于判断该分离单元的分离性能。

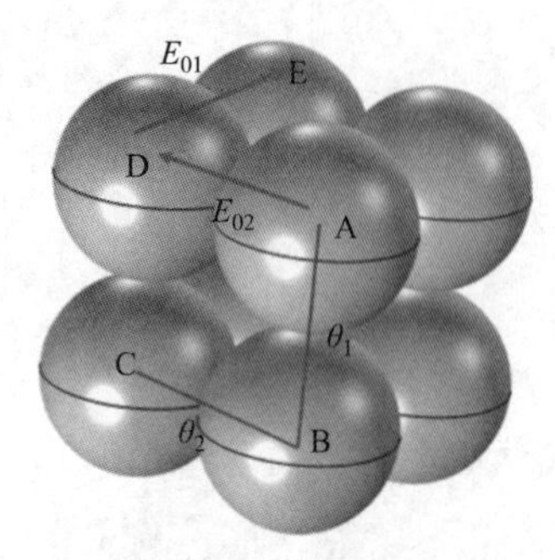

图6－19　分离单元球体变化示意图

为了验证单元有效吸附率是否能够判断分离单元的分离性能，改变图6－19所示的分离单元中的球体排列角度，并求出不同角度下 η 的模拟值与理论值进行对比分析。如图6－19所示：E_{01}表示与D、E两球中心连线平行的电场方向；E_{02}表示与A、D两球中心连线平行的电场方向；θ_1为A、B两球中心连线与电场线的夹角；θ_2为B、C两球中心连线与电场线的夹角。在角度变化过程中，上、下两层每层中对应球的角度保持一致，先固定上、下两层层间的排列角度 θ_1 不变，使 θ_2 每次变化10°，当电场方向为 E_{01} 时，θ_2 对应的角度为0°、10°、20°和30°，改变所施加电场的方向为 E_{02} 时，角度相应变为90°、80°、70°和60°；然后固定每层的排列方式并改变层间的排列角度即 θ_1 的角度，相应的为90°、80°、70°和60°，分别求出每种排列方式下 η 的模拟值和理论值并进行对比分析。举例说明，当施加电场方向为 E_{01}、$\theta_2 = 0°$时，θ_1 由60°逐渐变为90°，求得各值如图6－20所示。

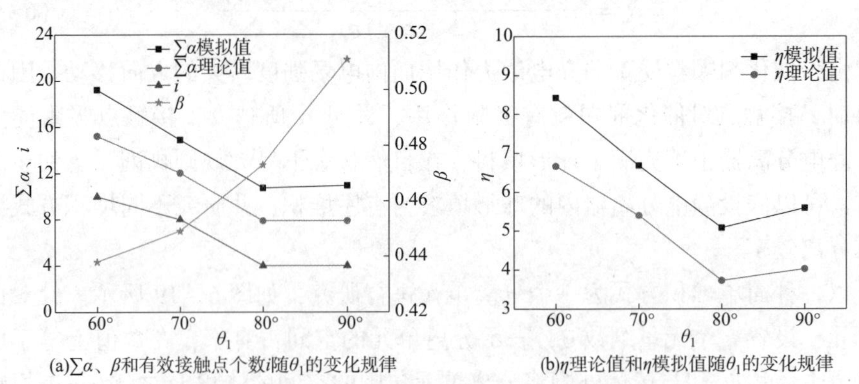

图6－20　$\theta_2 = 0°$时各物理量随 θ_1 的变化规律

从图6－20(a)可知：在 $\theta_2 = 0°$、θ_1 从60°增大到90°的过程中，整个分离单元的有效接触点数目 i 分别为10、8、4、4，$\sum \alpha$ 模拟值和理论值均呈下降趋势，由于80°和90°时有效接触点数目和角度均相同，因此这两个角度下的 $\sum \alpha$ 模拟

值为 10.74 和 10.95，可认为大致相等，$\sum\alpha$ 的理论值均为 7.884；同时，θ_1 从 60°增大 90°的过程中，β 呈上升趋势，也说明随着角度增大，分离单元的空隙率变小，同样体积下可以填充更多填料。从图 6-20(b)可知：由 $\sum\alpha$ 与 β 相乘得到的 η 随着 θ_1 角度增大呈现先减小后增大的趋势，η 与 $\sum\alpha$ 的变化趋势相同，但由于 90°时分离单元的空间占有率比 80°时大，因此 90°时 η 较大。由于"有效接触点"模型与实际情况相比具有误差，因此，在此基础上求得的 η 也存在误差，如 $\theta_1=90°$ 时模拟值和理论值之间的误差最大为 24%，但从图中分析得到，η 理论值和模拟值变化趋势相同，因此可以用此公式判断分离单元对颗粒的吸附能力。

令 $\theta_1=90°$，当分别施加 E_{01} 和 E_{02} 方向的电场时，模拟分析各值随着 θ_2 的变化趋势，结果如图 6-21 所示。

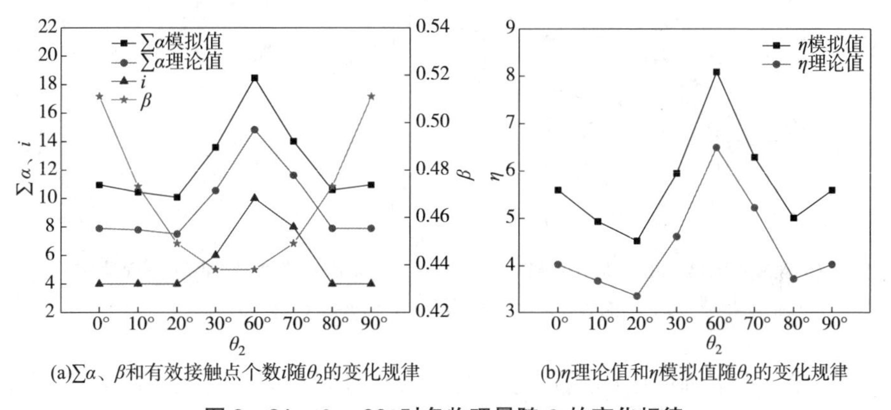

(a)$\sum\alpha$、β和有效接触点个数i随θ_2的变化规律　　(b)η理论值和η模拟值随θ_2的变化规律

图 6-21　$\theta_1=90°$时各物理量随 θ_2 的变化规律

从图 6-21(a)中可以看出，在 $\theta_1=90°$、θ_2 从 0°增大到 90°的过程中，$\sum\alpha$ 模拟值和理论值都是呈先减小后增大再减小，最后增大的趋势，并且在 $\theta_2=60°$ 时 $\sum\alpha$ 达到最大值。这是由于在 $\theta_2=60°$时整个分离单元的有效接触点数达到最大为 10，而有效接触点数目是影响 $\sum\alpha$ 大小的主要因素。除了有效接触点数目，另一个影响 $\sum\alpha$ 大小的因素是填料排列角度，图 6-21(a)中显示当 θ_2 分别为 0°、10°和 20°时，分离单元的有效接触点数目都是 4 个。但由于填料排列角度越小，对颗粒的吸附能力越强，因此随着角度增大，$\sum\alpha$ 呈现减小的趋势。图 6-21(a)中还显示出随着 θ_2 角度的增大，分离单元的 β 呈现先减小后增大的趋势，在 $\theta_2=30°$和 60°时达到最小。由公式(6-27)可求得 η 模拟值和理论值随 θ_2 的变化规律，如图 6-21(b)所示，可以看出当 θ_2 为 0°、10°、20°、80°和 90°时，分

离单元的有效接触点数相同，因此，β 对于这几个角度下的 η 值影响较大，而由于 $\theta_2=60°$时分离单元的有效接触点数最大为10，因此此时 η 值最大。

上述分析是在固定 θ_1 和 θ_2 的角度下研究各物理量的变化趋势，下面对 η 在 θ_1 和 θ_2 所有角度下的变化趋势进行分析，如图6－22所示，图6－22(a)以 θ_2 为横坐标，图6－22(b)以 θ_1 为横坐标。从图中可以分析得到：对于此模型，当 $\theta_1=60°$且 $\theta_2=60°$时 η 达到最大值，这是由于此时分离单元中有效接触点的数目最多，也可证明有效接触点的数目对 η 的大小起主要作用。同时还发现，当 $\theta_1=80°$且$\theta_2=20°$时 η 达到最小值，这是由于此时分离单元中有效接触点数目最少，同时由于此角度下整个分离单元的空间占有率最小，因此 η 达到最小值。

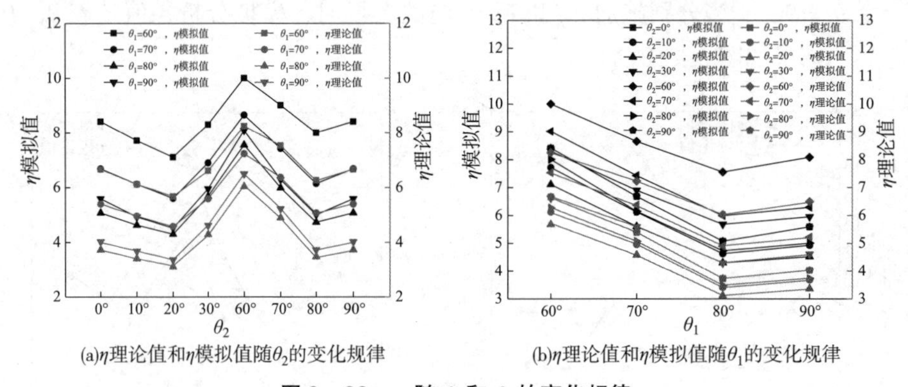

(a)η理论值和η模拟值随θ_2的变化规律　　(b)η理论值和η模拟值随θ_1的变化规律

图6－22　η 随 θ_1 和 θ_2 的变化规律

在自然状态下圆筒中的填料呈无规则堆积排列，而“有效接触点”理论表明填料的排列角度会影响颗粒的吸附效果，因此对有序堆积下填料的吸附能力进行研究可改善堆积方式以提高静电分离效率。模拟了填料直径为9mm、内电极直径为8mm、外电极直径为65mm、10kV的外加电压下，4种不同填料堆积方式的 η 值，并通过模拟释放粒子后分离单元的分离效率以分析公式(6－27)对于判断分离单元分离性能的可行性。由于填料球是均匀的球形，因此仿照晶胞的排列方式，4种填料堆积方式分别为简单立方堆积(sc)、体心立方堆积(bcc)、面心立方堆积(fcc)和六方最密堆积(hcp)。几何模型如图6－23所示。

根据模型中心对称的特点，在数值模拟中取静电分离装置的部分结构进行仿真计算，如图6－24所示，内电极接10kV直流电压，外电极接地，其余边界均为绝缘，电荷为0。为了保证所有分离单元中的填料排列层数相同，将简单立方堆积中的填料增大为3层，如图6－24(a)所示。按照公式(6－27)对每个分离单元的 η 值进行计算，首先需要确定每种堆积方式下的有效吸附点个数以及空间占有率，结果如表6－2所示。

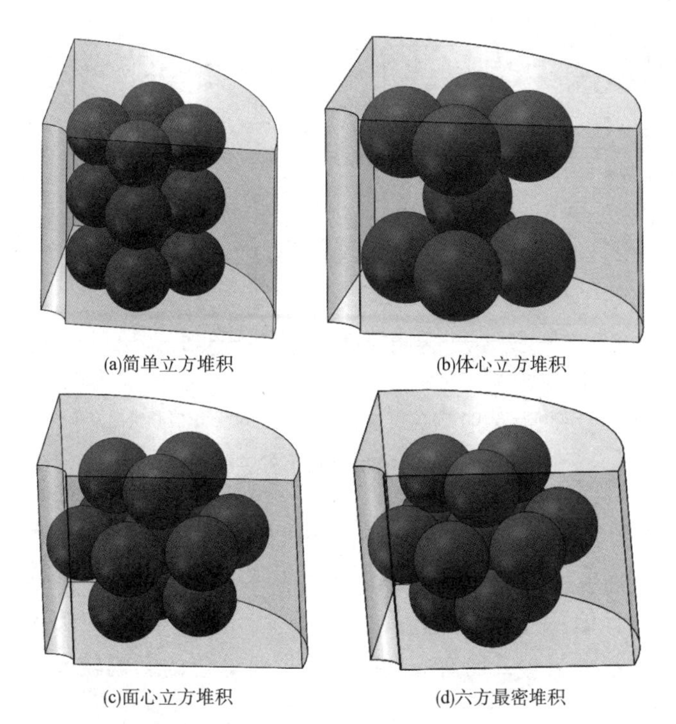

图 6－23　4 种不同填料堆积方式几何模型

表 6－2　不同堆积方式下物理量统计

填料堆积方式	有效接触点数目	空间占有率/%
简单立方堆积	6	20.76
体心立方堆积	12	19.34
六方最密堆积	18	25.83
面心立方堆积	18	25.83

由表 6－2 所列参数可求出不同堆积方式下每个分离单元的 $\sum\alpha$ 和 η 理论值，通过模拟可求解出 $\sum\alpha$ 和 η 模拟值，结果如图 6－24 所示。

由图 6－24(a)可知：不同堆积方式的分离单元内的有效接触点个数 i 按照简单立方堆积、体心立方堆积、六方最密堆积和面心立方堆积呈现先增大后相等的趋势，因此，$\sum\alpha$ 也是先增大后相等的趋势。对于空间占有率 β，4 种堆积模型中体心立方堆积的 β 最小，六方最密堆积和面心立方堆积的 β 相等且最大，表明相同空间内利用这两种堆积方式可填充更多填料。由 $\sum\alpha$ 和 β 相乘可求得 4 种堆积方式下 η 理论值和模拟值的大小，如图 6－24(b)所示。从图中可知 η 理论

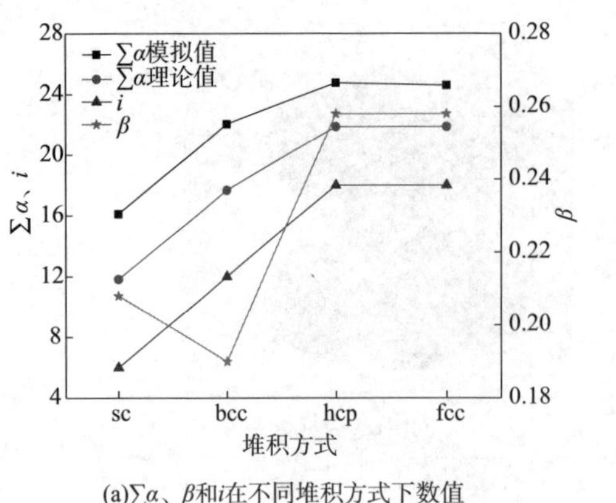

(a)∑α、β和i在不同堆积方式下数值

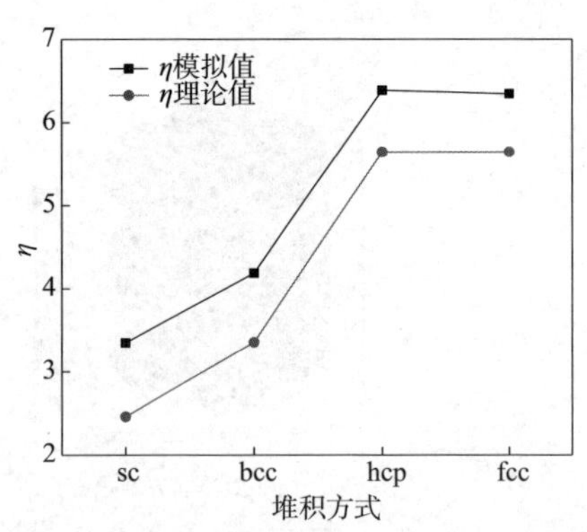

(b)η理论值和模拟值在不同堆积方式下数值

图 6-24 不同堆积方式下各参数变化规律

值和模拟值在误差范围内变化趋势相同，相同条件下简单立方堆积的 η 值最小，六方最密堆积和面心立方堆积的 η 值相等且最大，这是由于这两种堆积方式的有效接触点个数和 β 值均为最大值，简单立方堆积的 β 值虽然大于体心立方堆积，但其有效接触点数目最少，而有效接触点数目对 η 值的影响较大，因此简单立方堆积的 η 值最小。

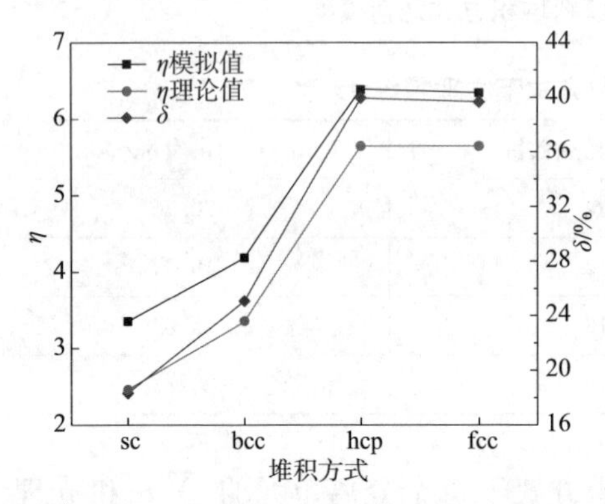

图 6-25 不同堆积方式下 δ 和 η 的变化趋势

针对图 6-23 所示的 4 种不同填料堆积模型，利用 COMSOL 软件在每个分离单元填料之外的空间均匀释放粒子，模拟运行 20min，可求得实际的颗粒吸附效率（分离效率）δ 与 η 之间的关系，结果如图 6-25 所示。

由图 6-25 可知：颗粒实际的吸附效率与根据公式（6-27）所得到的 η 模拟值、理论值的变化趋势相同，都是简单立方堆积下的吸附效率最低，体心立方堆积的吸附效率居中，六方最密堆积和面心立方堆积的吸附效率相同且最高。模拟结果同时说明利用公式（6-27）求得单元有效吸附率可判断不同堆积方式下分离单元的分离性能。

6.2.2 实验验证过程

如图 6-26 所示，为保证填料分离单元的个数相同，结合静电分离器与填料的尺寸，对每种堆积方式进行实验时设置分离单元个数为4并以中心对称的方式均匀放置。本实验在静电分离器正极施加10kV电压，分离时间为20min，每种填料堆积方式做3次实验，得到分离效率如图6－27所示。

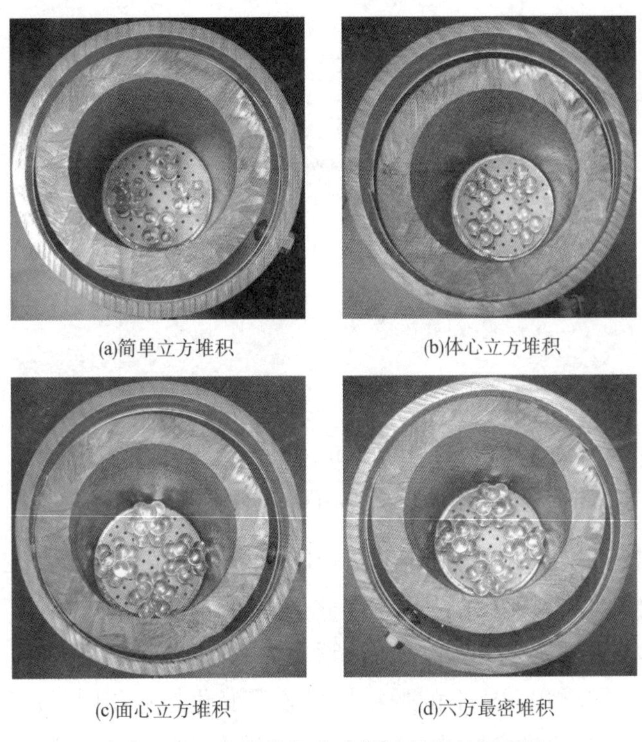

(a)简单立方堆积　(b)体心立方堆积

(c)面心立方堆积　(d)六方最密堆积

图6－26　不同堆积方式的填料摆放示意图

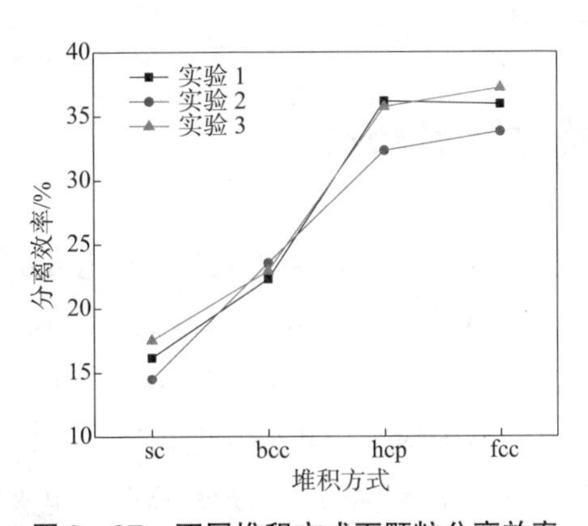

图6－27　不同堆积方式下颗粒分离效率

由图6－27所示，实验结果表明：颗粒分离效率按照简单立方堆积、体心立方堆积、六方最密堆积和面心立方堆积的方式呈现增大的趋势，并且六方最密堆积和面心立方堆积下的分离效率基本相等。由3.2节分析可知，这两种堆积方式的有效接触点个数与有效接触点的角度均相同。通过对每种填料堆积方式的三次实验值取平均值作为分离效率，并与模拟值、理论值做对比，结果如图6-28所示。

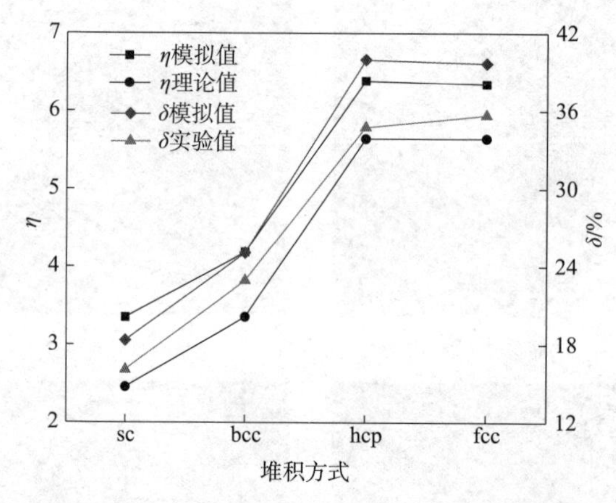

图6-28 分离效率理论值、模拟值和实验值比较

由图6-28可知：由公式(6-27)求解的 η 理论值和模拟值变化趋势相同，由于实验环境和仿真条件存在误差，因此仿真和实验所得到的不同填料堆积方式下粒子吸附率结果不能完全吻合，最大误差为13.1%，属于合理误差范围，同时实验和仿真中不同堆积方式下的颗粒吸附效率变化趋势相同，也符合公式(6-27)的求解结果。仿真和实验结果说明了在四种堆积方式中，六方最密堆积和面心立方堆积的分离效果更好。

6.3 有效吸附区域模型

催化油浆作为低电导液体，其中的离子载流子在电场的作用下移动，进而牵动油浆运动。本书中，假设催化油浆是不可压缩的、牛顿的、完全绝缘的流体，且油浆中自由电荷的唯一来源是液相与电极界面处的电化学反应导致的离子注入[119]。进一步假设注入的离子均匀分布，其电荷密度为定值，数值取决于电极的电压、电极的材料、表面特性和油浆的物理性质等。电极附近注入的离子载流子浓度可通过下式得到：

$$q = q_0/2X_B K_1 \cdot (2X_B) \tag{6-28}$$

$$X_B = \left(\frac{eE}{4\pi\varepsilon_f}\right)^{\frac{1}{2}}/2U \tag{6-29}$$

$$U = KT/e \tag{6-30}$$

式中，在室温25℃时，U 的值为25mV；K_1 为修正汉克尔函数；q_0 为一个常数，其与液体电阻率 ρ 的关系为：

$$q_0(\mathrm{C/m^3}) = 10^8 \times \rho^{-1}(\Omega \cdot \mathrm{m}) \tag{6-31}$$

通过上述公式，代入相应参数即可得到电极附近注入的离子载流子浓度。

本节中粒子在流场中的控制方程如下所示：

$$\frac{\partial \rho_f}{\partial t} + \nabla\cdot(\rho_f u_f) = 0 \tag{6-32}$$

$$\frac{\partial(\rho_f u_f)}{\partial t} + \rho_f(u_f \cdot \nabla)u_f = -\nabla p + \nabla\cdot(\mu\nabla u_f)u_f + f_b \tag{6-33}$$

$$\frac{\partial q}{\partial t} + \nabla\cdot(qKE - D\nabla q + qu_f) = 0 \tag{6-34}$$

式中，$u_f = [u_f, v_f]$ 为流体速度；f_b 为体积力密度；ρ_f、p、μ、ε_f、q、K 和 D 分别表示流体密度、流体压力、流体动力黏度、流体介电常数、电荷密度、离子迁移率和电荷扩散系数。液相的体积力 f_b 主要为电动力 f_e，包括库仑力、介电力和电致伸缩力三部分[120]：

$$f_b = f_e = qE - \frac{1}{2}E^2\nabla\varepsilon + \frac{1}{2}\nabla\left(E^2\rho\frac{\partial\varepsilon}{\partial\rho}\right)_T \tag{6-35}$$

为了研究催化剂颗粒在动态环境下的运动情况，根据微观静电分离装置构建几何模型，如图6－29所示，模型为一个正方形区域，中心位置处有两个直径为4mm的填料球，正、负电极分别位于模型的右侧和左侧边界处，间距为25mm。两个填料球中心连线方向平行于电场方向，构成一个分离单元。

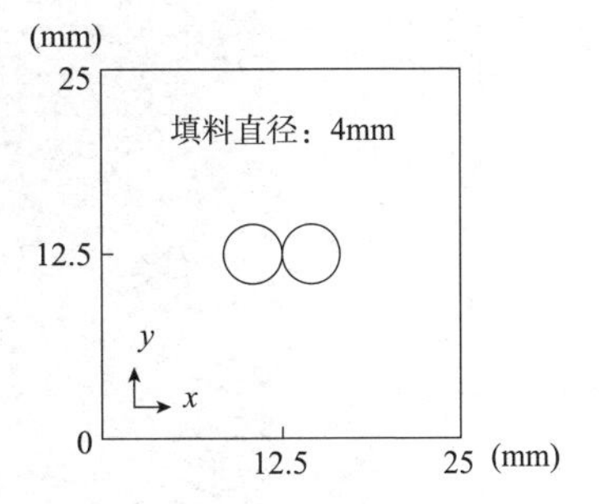

图6－29　动态微观模拟几何模型示意图

网格的划分是影响数值模拟结果的重要因素，在本研究中，填料的接触点附近为颗粒主要吸附区域，其附近的颗粒运动情况为主要的研究对象，因此选择更容易适应在狭缝中计算电场和流场的四面体网格，且在填料接触点附近对网格进行加密。最终的网格结果如图6－30所示。

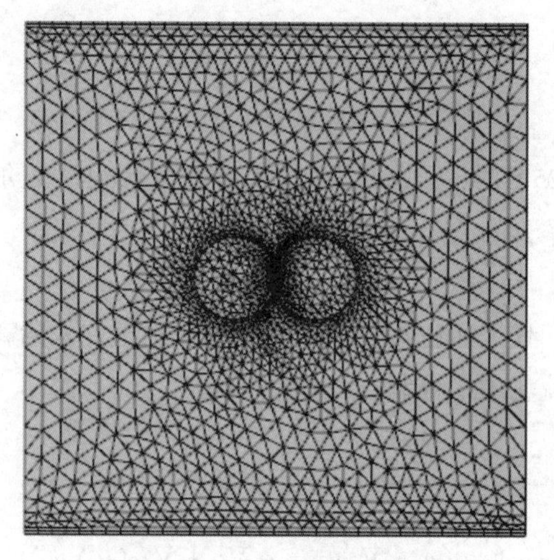

图 6－30　网格划分示意图

6.3.1　电场及流场特性分析

在填料直径为4mm、电压4000V、电极附近的离子载流子浓度为2×10^{-11} C/m^{3}的情况下，模拟得到了分离单元内电场的分布，如图 6－31 所示。与理论分析一致，由于填料的中心连线与电场方向平行，因此填料的接触点附近的电场强度和梯度最大，填料球左右两端的区域电场强度也略有加强。

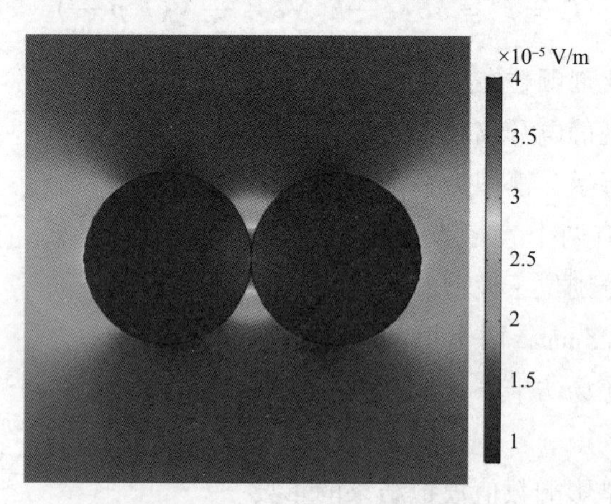

图 6－31　电场分布示意图

根据电场的分布可以得知：催化剂颗粒主要在填料接触点附近承受较明显的介电泳力作用，且随着催化剂颗粒离接触点越近，其受到的介电泳力越大。根据之前的分析，催化剂颗粒的运动主要与介电泳力、曳力和压力梯度力有关，而催

化剂颗粒所受的曳力和压力梯度力则主要由流场决定。本研究中流场的分布如图 6－32 所示。

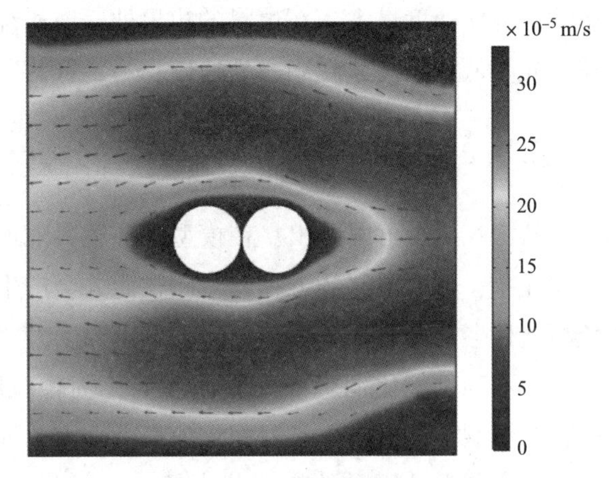

图 6－32　流场分布示意图

液相的流动是由于电极附近一定浓度的离子载流子在电场的作用下移动，进而带动液相分子运动。在正电极处，离子载流子的浓度最高，因此该处的流体受到载流子运动的牵引力更强，所以流速最大；靠近分离单元边界和填料球附近处，由于黏性流体的绕流边界层效应，所以速度逐渐降低，在填料接触点处流速最小。在不同的 y 坐标下，液相流速随 x 轴变化的曲线图如图 6－33 所示。

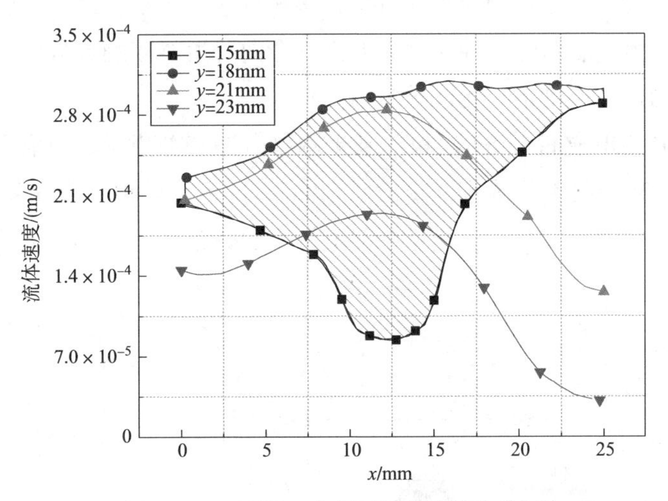

图 6－33　不同 y 坐标下液相流速变化图

由于模型为对称分布，因此电场和流场的分布也呈现上下对称的分布。图 6－33中表示了模型上半部 y 轴方向上不同坐标处的流速沿 x 轴分布的情况，从图中可以看出，在远离球形填料的区域，液相速度先上升，在模型中部速度达到最大，然后再下降。这是因为离子载流子的迁移在电极附近时较为强烈，随着与电极的距离增大，离子载流子的浓度降低，作用于液相上的体积力降低，液相由于黏性的存在逐渐减速。同时，由于模型上部的边界层效应，越靠近上部的液相速度越低。在填料接触点上方的区域，液相远离模型边界，同时受到较少的绕流影响，因此速度最大；在填料的边界处，液相绕填料流动，由于绕流效应，所以速度先降低后升高，在中心处速度降为最低。

6.3.2 催化剂颗粒受力与运动分析

从图 6－33 可以看出：在模型中部填料附近液相的流速在 y 轴方向存在很大的流速差，根据伯努利方程，液相在此处会产生一个较大的压力梯度，催化剂颗粒在此处会受到一个 y 轴正方向的压力梯度力，这个力让催化剂颗粒趋向于远离填料，不利于催化剂颗粒的吸附。催化剂颗粒所受的曳力与液相的流动方向类似，在模型中部时，由于液相流速最大，因此催化剂颗粒在此处的曳力最大，且此处催化剂颗粒所受的介电泳力较小，因此催化剂颗粒会随着液相流动而被带走，无法被填料吸附。在填料的接触点附近，由于此处液相的流速较低，因此催化剂颗粒受曳力的影响较小，仅受介电泳力和压力梯度力的影响。当介电泳力大于压力梯度力时，催化剂颗粒会朝着填料接触点附近运动，最终被吸附；而当介电泳力小于压力梯度力时，催化剂颗粒则不会向着填料接触点方向运动，最终被液相在曳力的作用下带走，无法被吸附。

利用 COMSOL 软件的 fpt 模块，基于网格分布释放颗粒，细化因子为 1，在电压 4000V、离子载流子浓度 $2\times10^{-11}C/m^3$ 条件下，模拟计算了颗粒的运动情况。其中，颗粒的速度分布、模型中部电场模的分布和模型中部流体流速的分布如图 6－34 所示。

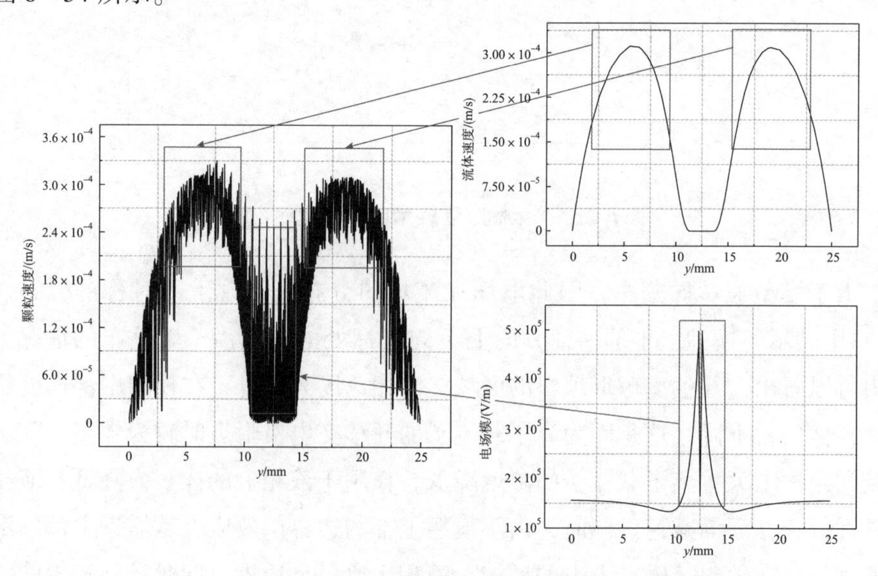

图 6－34　颗粒速度、液相速度以及电场模强度分布图

由图 6－34 可知：颗粒的速度受液相流速以及电场的共同影响。在液相流速大的区域，颗粒主要受曳力的影响，其速度也较大；在填料表面附近，液相的流速非常小，颗粒几乎不受曳力的影响，所以此处的颗粒速度整体较低，但由于接触点附近电场强度和梯度较大，所以在介电泳力的作用下，部分颗粒也拥有较大的速度。

6.3.3 催化剂颗粒的有效吸附区域

根据上述分析，可以发现催化剂颗粒能否被吸附主要取决于其受到的压力梯度力和介电泳力，且这两个力与催化剂颗粒所处的位置有关。为了准确地研究催化剂颗粒的运动情况，通过 COMSOL 软件从数据文件释放颗粒功能，在模型的 $x = 12.5$mm位置处释放了 40 个颗粒，这 40 个颗粒沿 y 轴正向均匀分布。经过模拟计算得到了颗粒速度的 y 轴方向分量大小随颗粒所处位置的 y 坐标值的变化，如图 6－35 所示。

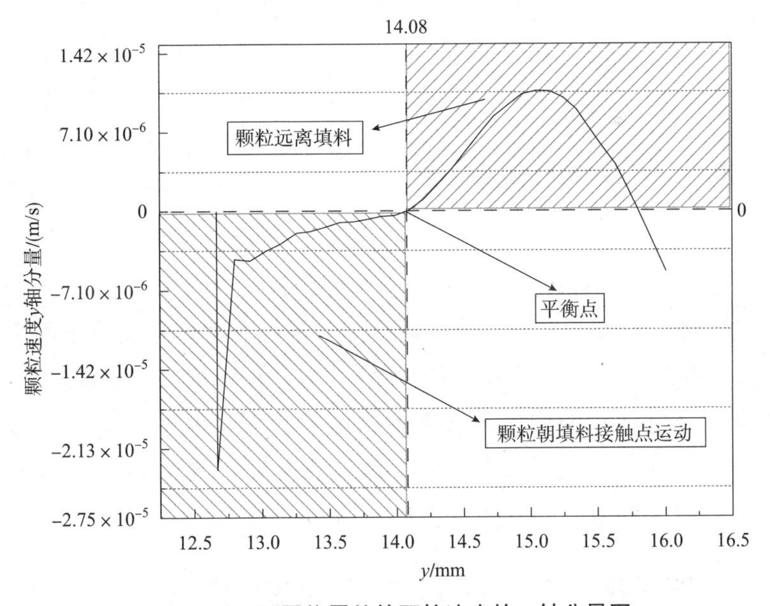

图 6－35 不同位置处的颗粒速度的 y 轴分量图

颗粒速度的 y 轴分量为正时，颗粒在 y 方向上正向运动，即远离填料；相反，当颗粒速度的 y 轴分量为负时，颗粒朝着填料方向运动。由图 6－35 可知：在 $y < 14.08$mm 的区域，即靠近填料的区域，颗粒速度的 y 轴分量为负，此时颗粒朝着填料运动，且随着颗粒的位置远离填料，颗粒速度的 y 轴分量很快下降，最终在 $y = 14.08$mm 的位置处，颗粒速度的 y 轴分量变为 0，此时颗粒只进行水

平方向的运动；在 $y>14.08$mm 的区域，即远离填料附近的区域，颗粒速度的 y 轴分量先升高后又降低。

与之前的分析一致，在填料接触点处，电场强度和梯度最大，颗粒受到的介电泳力最大，且受到曳力和压力梯度力的影响最小，因此速度较大且速度方向指向填料接触点。由流场的分布和压力梯度力的特性可知，在流体速度最大的区域下方时，颗粒受到 y 轴正向的压力梯度力，因此颗粒速度逐渐升高，但当越过最大流速区域后，压力梯度力的方向变为 y 轴负向，所以颗粒速度最后逐渐降低。

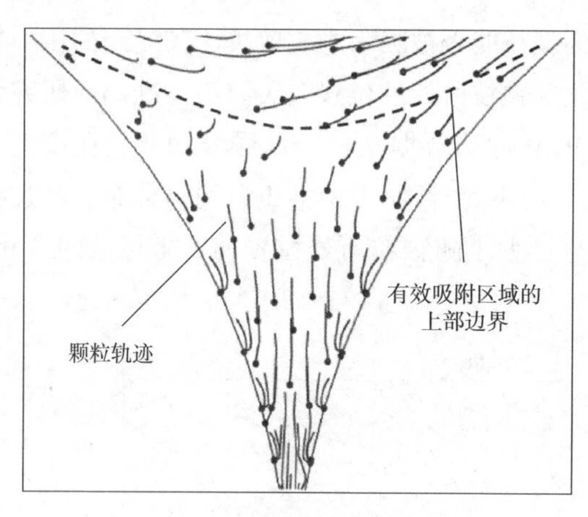

图 6－36　颗粒的运动轨迹图

根据颗粒的速度特性，发现存在一个平衡点，在该点处颗粒速度的 y 轴分量为零。由于流场和电场的分布并不均匀，因此当 x 坐标不同时，平衡点的位置也不同。通过网格分布释放颗粒，细化因子为 1，在电压 4000V、离子载流子浓度 2×10^{-11} C/m^3 条件下，模拟计算得到了颗粒的运动情况，如图 6－36 所示。

图 6－36 中，圆点代表颗粒，后面的曲线为颗粒的运动轨迹，虚线为不同平衡点连接而成的虚线。在该虚线以下的区域，颗粒速度的 y 轴分量为负，即颗粒会朝着填料接触点运动；而该虚线以上的区域，颗粒速度的 y 轴分量为正，颗粒会朝着远离填料的方向运动。因此，在填料接触点上方和下方形成了两个类“V”形的区域，运动到该区域内的颗粒最终会在介电泳力的作用下被吸附到填料表面，称该区域为“有效吸附区域”。在模拟中，由于模型为二维，因此该区域为两个“V”形区域；而在实验中，该区域为“马鞍状”的空间区域，如图 3－51 所示。

6.3.4　离子载流子浓度对有效吸附区域的影响

不同的参数会对有效吸附区域的形状和大小产生影响。由式(6－35)可知，离子载流子浓度会影响液相受到的体积力，从而影响液相的流动速度。离子载流子浓度对液相最大速度的影响如图 6－37 所示。

由图 6－37 可以看出：液相速度随着离子载流子浓度的增大而增大，而液相的流速分布又会对颗粒所受的曳力和压力梯度力产生影响，进而影响有效吸附区

域的大小。通过仿真计算得到了离子载流子浓度在 $2\times10^{-12}\sim8\times10^{-11}$ C/m^3 的区间内，平衡点 y 坐标值的变化如图 6－38 所示。

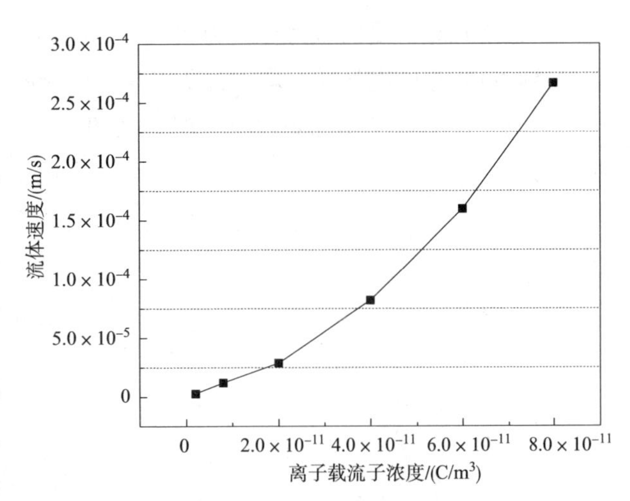

图 6－37　离子载流子浓度对液相最大速度的影响

由图 6－38 可知：随着离子载流子浓度的增大，平衡点的 y 坐标值逐渐减小，这说明有效吸附区域在逐渐变小。这是因为离子载流子浓度的增大导致液相流速增大，同时球形填料附近的压力梯度力增大，颗粒受到更大的压力梯度力，导致颗粒更不容易被吸附到填料附近。

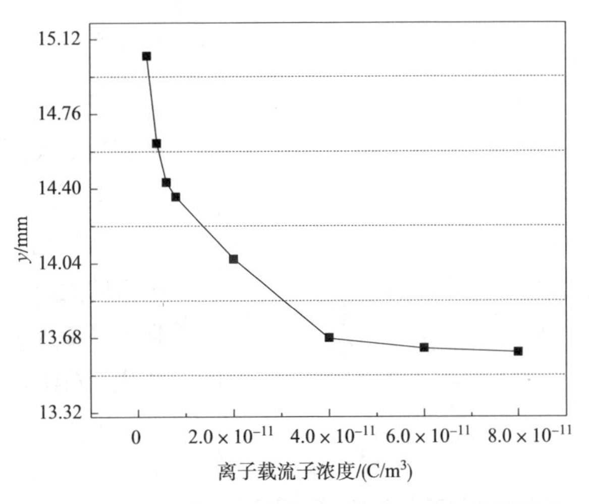

图 6－38　离子载流子浓度对平衡点 y 坐标值的影响

6.3.5　电压对有效吸附区域的影响

电压对于颗粒吸附的影响比离子载流子浓度的影响要复杂，因为它不仅影响液相所受的体积力和液相的速度分布，进而影响颗粒所受的曳力和压力梯度力；同时影响填料的极化，使电场分布发生变化，进而影响颗粒所受的介电泳力。根据公式(6－33)和公式(6－34)，当电压升高时，液相受到的体积力增加，流速变大，这使颗粒所受的压力梯度力增大；同时电场强度也随电压的升高而增大，因此接触点附近的电场梯度增大，所以颗粒所受的介电泳力增大。

当电压从 1000V 增加到 8000V 时，液相的最大速度随电压的变化如图 6－39 所示。

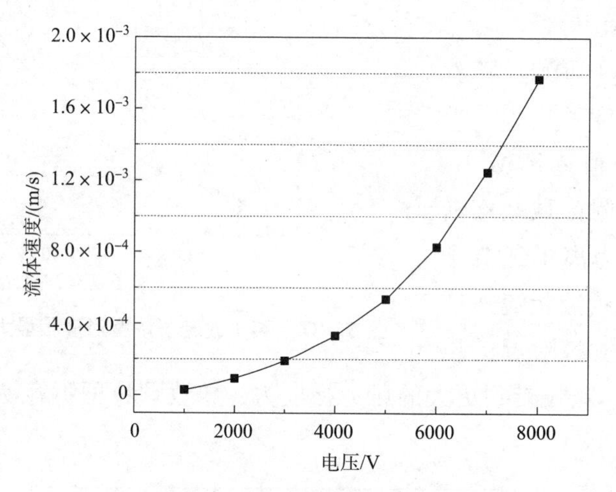

图 6－39　电压对液相最大速度的影响

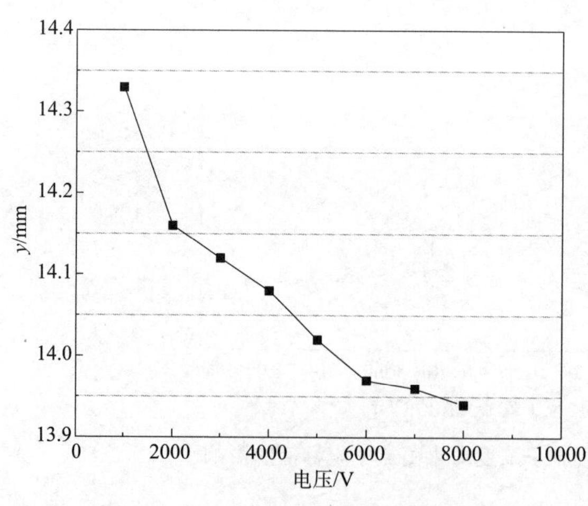

图 6－40　电压对平衡点 y 坐标值的影响

在本研究的电压范围内，液相的最大流速随电压的增大而快速上升，但仍处于层流斯托克斯区范围内。通过改变电压值的大小进行仿真计算，得到了平衡点 y 坐标值随电压的变化图(图 6－40)。

由图 6－40 可知：电压的增大同样会减小有效吸附区域的大小，这主要是液相流速的增加导致的结果。但电压的增大同样使颗粒受到的介电泳力增加，有利于颗粒的吸附，因此在本研究中，电压从 1000V 增加到 8000V 时，平衡点 y 坐标值减少了 0.37mm；而离子载流子浓度从 $2\times10^{-12}C/m^3$ 增加到 $8\times10^{-11}C/m^3$ 时，平衡点 y 坐标值减少了 0.83mm。结合图 6－38 和图 6－39 可以发现，电压对于流速的影响远小于离子载流子浓度。

6.3.6　预测模型建立过程

通过上述结果可以发现：在本研究中的模型尺寸下，有效吸附区域的大小和位置与电压和离子载流子浓度有关。通过改变相应的参数得到不同电压和离子载流子浓度下的平衡点坐标，利用回归分析的方法，得到了一个预测平衡点位置的模型，结果如式(6－36)所示。

$$y = 8.26 \times U^{-0.014} \times q^{-0.026} \tag{6-36}$$

式中，y 表示平衡点所对应的 y 坐标值；U 表示外加电压，V；q 代表离子载流子浓度，C/m^3。

由式(6－36)可知，离子载流子浓度对于平衡点位置的影响要大于电压对其的影响。为了验证上式的准确性，利用仿真计算结果进行对比，结果如表6－3所示。

表6－3　预测值与仿真计算值的比较

电压/V	离子载流子浓度/(C/m^3)	预测值/mm	仿真计算值/mm	相对误差/%
2000	2e－12	14.96025	15.18411	1.47430
4000	4e－12	14.55116	14.65407	0.70226
6000	2e－11	13.87584	13.98461	0.77778
8000	4e－11	13.57323	13.66040	0.63812

由表6－3可知，预测值与仿真计算值的相对误差在0.63812%～1.47430%，平均相对误差为0.89812%，可以认为预测模型是准确的。

6.4　静电分离效率计算模型

本小节根据本章前3小节的研究，对分离效率进行计算，提出静电分离效率计算模型来用于近似计算催化裂化油浆的脱固效率。

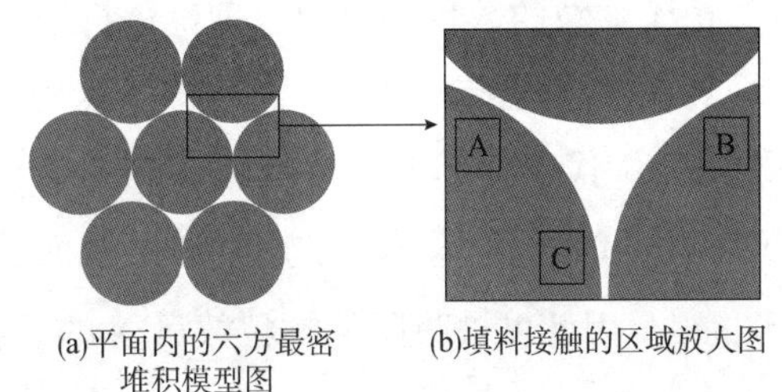

(a)平面内的六方最密堆积模型图　(b)填料接触的区域放大图

图6－41　填料六方最密堆积平面示意图

由于玻璃填料在自然状态下处于无规则的堆积状态，且以六方最密堆积状态占比最多，因此本次研究建立平面内的六方最密堆积模型如图6－41(a)所示。将填料接触的区域放大如图 6－41(b)所示，其中 A、B、C 为三个填料的三个不同位置的接触点。由计算辐射电场中填料两端的电势差 ΔU 的公式(6－15)可以看出：当填料直径 d_g 远小于静电分离器内筒的半径时，可得到 $\frac{R_1 + d_g}{R_1} \approx 1$，$\Delta U = 0$。因此，可以将图 6－41(b)所示的填料空隙区域内的电场近似为均匀平行电场。

图 6－42 为施加电场后填料间隙的场强分布图，其中箭头直线为电场线的方向，虚线为两个填料球中心的连线。由图可知：A 和 B 两个接触点处的填料中心连线与电场线的夹角均为 60°，C 接触点的填料中心连线与电场线的夹角为 0°，C 接触点附近的场强高于周围位置和 A、B 接触点位置的场强，和通过“有效接触点”模型得到的电场强度大小分布情况相同。因此，图 6－42 所示的区域内，只有 C 接触点具有较强的吸附能力。图 6－43 为颗粒被吸附过程的轨迹图，由图可以看出，颗粒的运动轨迹近似于直线运动。根据有效吸附区域模型中对颗粒吸附平衡点的预测公式(6－36)可以看出，在填料参数和外加电压不变的情况下，平衡点的位置 y_0 是一个定值。

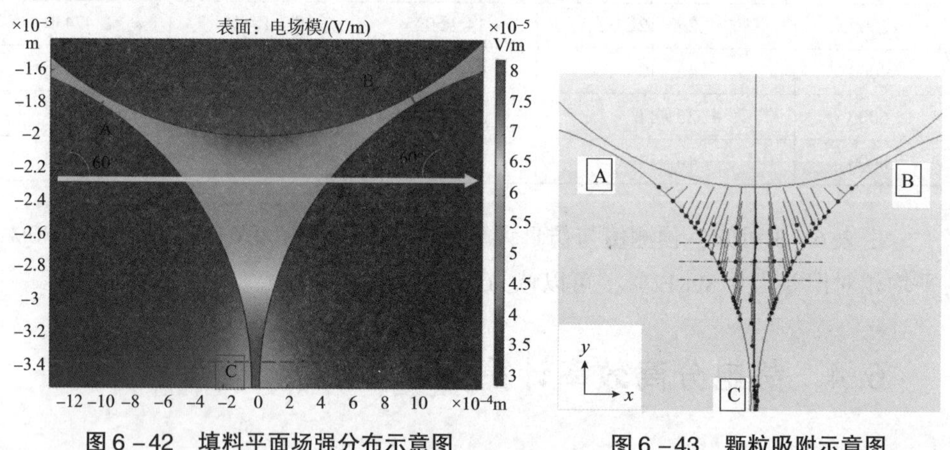

图 6－42 填料平面场强分布示意图

图 6－43 颗粒吸附示意图

由于颗粒的数目难以通过理论进行统计，因此，采用面积占比表示可被吸附颗粒和已被吸附的颗粒数目，并将 C 点附近划分为如图 6－44 所示的区域。在该区域中，y 代表位于平衡点位置的颗粒运动后与接触点的距离，单位为 mm；y_0 长度的区域面积计为 S_0；y 长度的区域面积计为 S；以 ρ 表示颗粒密度，单位为个/mm²。因此可被吸附的颗粒数目 N 的计算公式如式(6－37)所示。

$$N = \rho S \tag{6-37}$$

在图 6－44 中，R 表示填料的半径，mm；S 的计算公式如式(6－38)所示。

$$S = \int_0^y f(y)\,\mathrm{d}x \tag{6-38}$$

由式(6－38)积分计算可得：

$$S = (2R - \sqrt{R^2 - y^2})y - R^2 \arcsin\frac{y}{R} \tag{6-39}$$

由图6－43可以看出：颗粒沿 y 轴负方向运动的过程中，颗粒在 x 轴方向的连线呈平行状态。可以认定颗粒在吸附区域内保持相同的速度运动，则颗粒减少的区域面积如式(6－40)所示，而被吸附的颗粒数目如式(6－41)所示，最终可得颗粒吸附效率如式(6－42)所示。

$$\Delta S = S_0 - S \tag{6-40}$$

$$N' = \rho \Delta S \tag{6-41}$$

$$\delta = \frac{N'}{N} = \frac{\rho \Delta S}{\rho S_0} = \frac{S_0 - S}{S_0} = 1 - \frac{S}{S_0} \tag{6-42}$$

颗粒的运动距离 y 和分离时间的 t 的关系如式(6－43)所示。

$$u_{\mathrm{p}} = \frac{\mathrm{d}(y_0 - y)}{\mathrm{d}t} \tag{6-43}$$

$$u_{\mathrm{p}} = \frac{\mathrm{d}(y_0 - y)}{\mathrm{d}t} = \frac{\varepsilon_{\mathrm{r,f}}(\varepsilon_{\mathrm{r,p}} - \varepsilon_{\mathrm{r,f}})d_{\mathrm{p}}^2}{3\mu(\varepsilon_{\mathrm{r,p}} + 2\varepsilon_{\mathrm{r,f}})} \cdot \nabla |E|^2 \tag{6-44}$$

对式(6－44)速度表达式进行积分可得：

$$y_0 - y = \int u_{\mathrm{p}}\,\mathrm{d}t = \frac{\varepsilon_{\mathrm{r,f}}(\varepsilon_{\mathrm{r,p}} - \varepsilon_{\mathrm{r,f}})d_{\mathrm{p}}^2 t}{12\mu(\varepsilon_{\mathrm{r,p}} + 2\varepsilon_{\mathrm{r,f}})} \cdot \nabla |E|^2 \tag{6-45}$$

最终得到分离效率的计算模型如式(6－46)所示。

$$\begin{cases} \delta = 1 - \dfrac{(2R - \sqrt{R^2 - y^2})y - R^2 \arcsin\dfrac{y}{R}}{(2R - \sqrt{R^2 - {y_0}^2})y_0 - R^2 \arcsin\dfrac{y_0}{R}} \\ y_0 - y = \dfrac{\varepsilon_{\mathrm{r,f}}(\varepsilon_{\mathrm{r,p}} - \varepsilon_{\mathrm{r,f}})d_{\mathrm{p}}^2 t}{12\mu(\varepsilon_{\mathrm{r,p}} + 2\varepsilon_{\mathrm{r,f}})} \cdot \nabla |E|^2 \\ y_0 = 8.26 \times U^{-0.014} \times q^{-0.026} - 12.5 \end{cases} \tag{6-46}$$

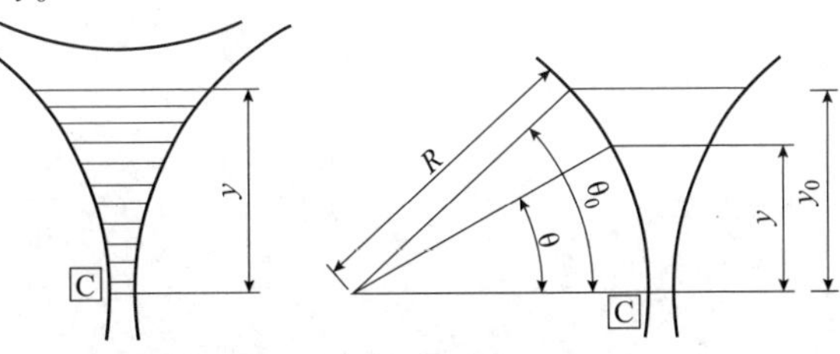

图6－44　颗粒吸附面积比例示意图

在电压为8000V、载流子浓度为$4\times10^{-11}C/m^3$时，通过公式(6－36)得到平衡点的位置y_0为1.07mm，在图6－42所示的区域内采用等距释放的方式均匀释放500个粒子，分离40min后得到被吸附至填料上的粒子数，之后通过公式(6－46)可得分离效率的模拟值。图6－45为分离效率模拟值和通过式(6－46)得到的分离效率计算值随油浆黏度升高而降低的结果，两者的变化趋势相同，且最大误差处为17.86%，因此，可以验证静电分离效率计算模型的准确性。

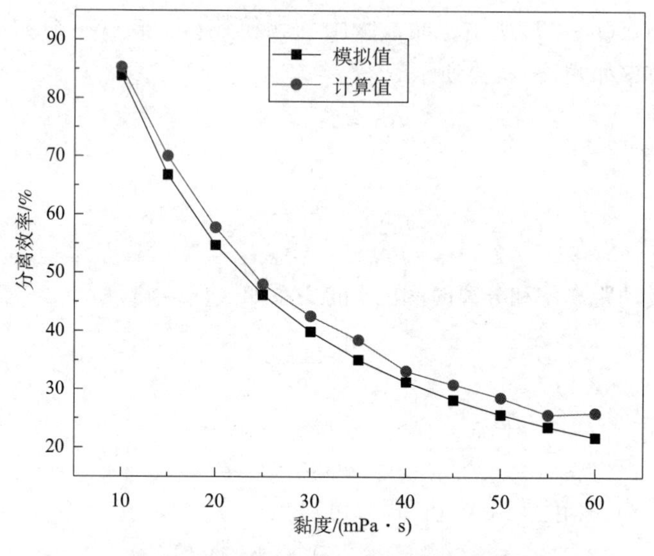

图6－45　黏度对静电分离效率的影响

第7章 静态体系静电分离模拟研究

7.1 颗粒运动分析

7.1.1 颗粒运动轨迹的分析

(1)不同场作用下颗粒的运动轨迹分析

颗粒运动轨迹的仿真通过COMSOL软件中的fpt模块，利用瞬态求解器进行求解。在fpt模块中，颗粒的释放条件包括“从格点释放”“从数据文件释放”和“从入口释放”3种，在实验条件下，因为混合相是在静态条件下完成的分离过程，且假设颗粒在分离前是均匀分布在分离单元内部的，因此选择释放条件为“从数据文件释放”。该条件是定义颗粒释放的位置，颗粒的释放位置由坐标表示，颗粒的坐标由MATLAB计算得到，并导入到fpt模块中的数据文件中。时间步长设置为0.01min，并将颗粒的半径比例因子调为10，便于清晰地看到颗粒的运动过程。求解当电压6.5kV、填料直径为3mm、0～20min时颗粒的运动轨迹，为了便于观察颗粒是否产生了吸附效果，分别对在有电场作用下和无电场作用下颗粒的运动行为进行了仿真，其结果如图7－1所示。

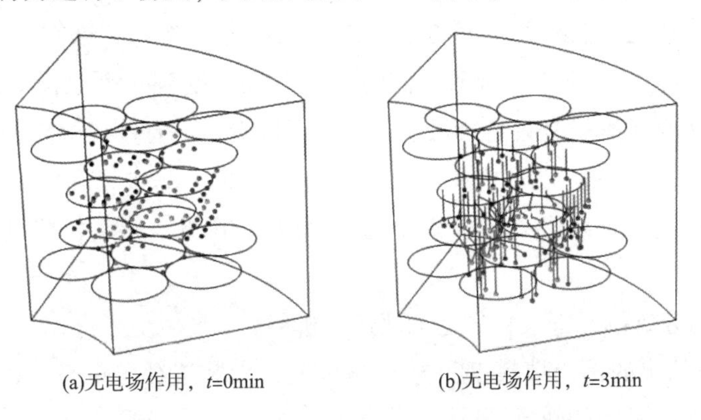

(a)无电场作用，t=0min　　(b)无电场作用，t=3min

图7－1　第1个分离单元内颗粒的运动轨迹

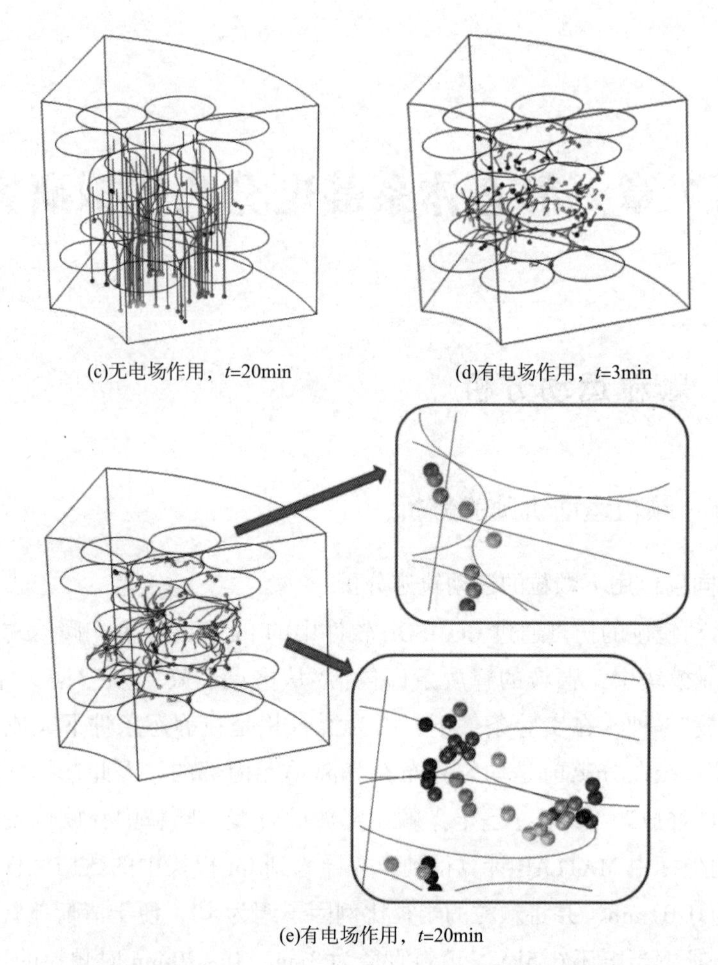

(c)无电场作用，t=20min

(d)有电场作用，t=3min

(e)有电场作用，t=20min

图7－1　第1个分离单元内颗粒的运动轨迹(续)

由图7－1(e)中的局部放大图可以看出：在外加电场的作用下，部分颗粒被吸附到接触点附近，且颗粒向着电场强度增大的方向移动，这符合方云进等[80]得出的颗粒发生“点吸附”的现象，同时也符合颗粒受到正介电泳力的现象[118]，进一步说明了该仿真过程是合理的。由图还可以看出：有些接触点处没有颗粒的吸附，这与有效接触点模型中得到的结论是相符的。另外，在没有电场的作用下，颗粒只受到有效重力 F_{EG} 和曳力 F_{SD} 的作用，因此，最终沉降到分离单元的底部。

(2)不同分离单元下颗粒的运动轨迹分析

图7－2给出的是当填料直径为1.5mm时，沿装置径向距离上6个分离单元下颗粒运动20min后的轨迹图。

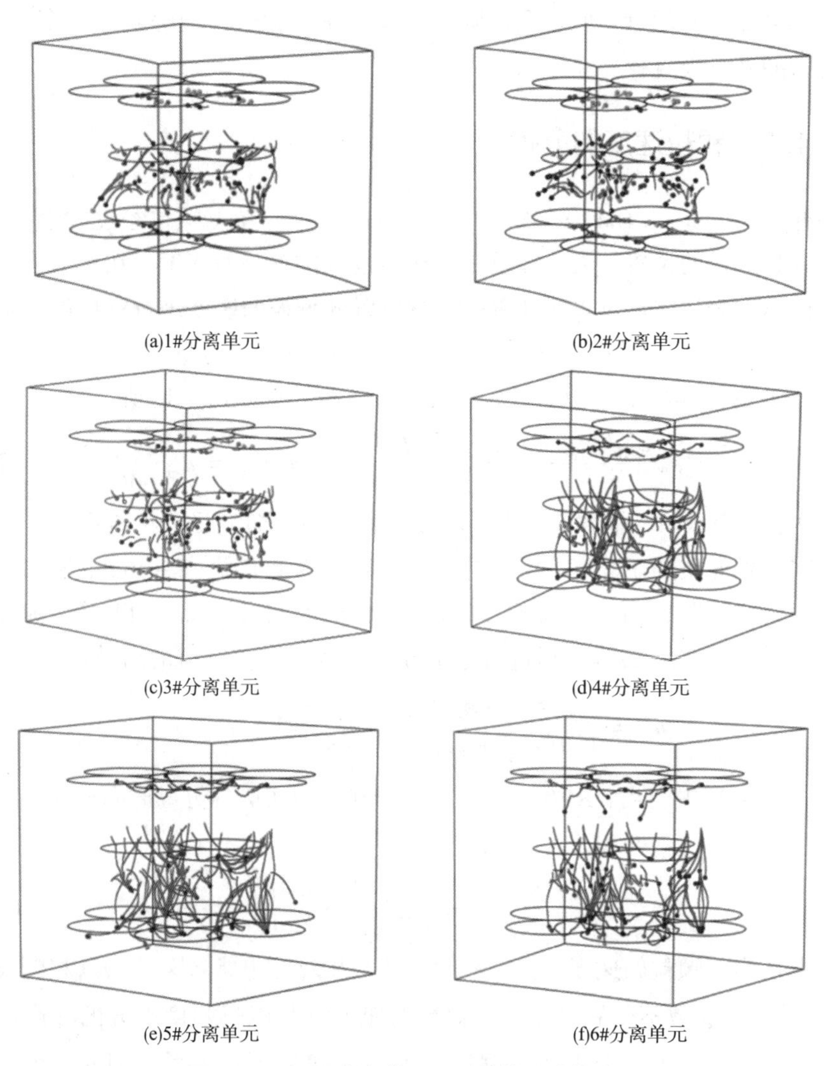
(a)1#分离单元　(b)2#分离单元
(c)3#分离单元　(d)4#分离单元
(e)5#分离单元　(f)6#分离单元

图7－2　不同分离单元下颗粒的运动轨迹图

在图7－2中，每个分离单元内颗粒的初始释放位置都相同。由图7－2可看出：随着分离单元序号的增大，颗粒的运动轨迹会发生变化，在图7－2(a)～(c)中，20min后大部分颗粒都被吸附在了填料的接触点附近，而在图7－2(d)～(f)中，大部分颗粒未被吸附，运动方向都以竖直向下为主，说明重力的影响逐渐提高，此时颗粒已经难以被吸附。这是因为随着分离单元序号的增大，每个分离单元内的电压降减小，且不均匀系数减小，这两种因素都将导致计算域内电场强度平方的散度减小，进一步导致介电泳力减小，使重力和曳力的影响作用增大。这种现象可以反映出在实际工况下，若在不改变外加电压的范围内加大外电极的直径，虽然会加大处理量，但是会以降低分离效率为代价，应综合考虑多种因素，选择合适的外电极直径。

7.1.2 颗粒速度的分析

在介观尺度上，COMSOL 软件中颗粒的速度只能在有颗粒经过的地方获取，在没有颗粒经过的位置，无法知道在颗粒经过该位置时的速度。在本节中，推导了颗粒的速度表达式，可以对装置中任意位置处颗粒的速度进行定性的分析。在 x 方向和 z 方向上，颗粒的运动不受重力的影响，通过联立式(2-36)、式(2-43)和式(2-46)，可以得到颗粒的动量方程，如式(7-1)所示。

$$\frac{\pi}{4}d_p^3\varepsilon_0\frac{\varepsilon_{r,f}(\varepsilon_{r,p}-\varepsilon_{r,f})}{\varepsilon_{r,p}+2\varepsilon_{r,f}}\cdot\frac{d|E|^2}{dn}-\frac{1}{\tau_p}m_p u_{n,p}=m_p\frac{du_{n,p}}{dt} \tag{7-1}$$

式中，n 表示与 x 轴方向或者 z 轴方向相同的方向向量；在本章中，由于研究的是在液相介质处于静态下颗粒的分离过程，因此在式(2-46)中液相的速度 $u_f=0$。由式(7-1)可知，该式为1个自变量为时间微元 dt，因变量为速度微元 $du_{n,p}$ 的1阶线性微分方程，通过解这个方程，得到式(7-2)的结果。

$$u_n=\frac{\varepsilon_{r,f}(\varepsilon_{r,p}-\varepsilon_{r,f})d_p^2}{12\mu(\varepsilon_{r,p}+2\varepsilon_{r,f})}\cdot\frac{\partial|E|^2}{\partial n}(1-e^{\frac{-18\mu}{d_p^2\rho_f}t}) \tag{7-2}$$

在式(7-2)中，当 $t>10^{-6}$ s 时，$e^{\frac{-18\mu}{d_p^2\rho_f}t}\approx 0$，与实验的分离时间相比，可以忽略不计，则式(7-2)可以近似为式(7-3)。

$$u_n=\frac{\varepsilon_{r,f}(\varepsilon_{r,p}-\varepsilon_{r,f})d_p^2}{12\mu(\varepsilon_{r,p}+2\varepsilon_{r,f})}\cdot\frac{\partial|E|^2}{\partial n} \tag{7-3}$$

可以认为，颗粒的速度与其和液相介质的相对介电常数 $\varepsilon_{r,p}$、$\varepsilon_{r,f}$ 和颗粒的直径 d_p 有关。在参数不变的情况下，颗粒的速度仅与电场强度平方的梯度 $\nabla|E|^2$ 有关，而介电泳力 F_{DEP} 也与电场强度平方的梯度 $\nabla|E|^2$ 有关，因此，可以认为颗粒的速度和介电泳力成正比。为了证明该结论的正确性，本节中随机选择了两个颗粒，其在 x 方向和 z 方向上的速度和介电泳力如图7-3所示。两个颗粒的初始坐标分别为 $(0,0,\sqrt{3}\times10-3)$ 和 $\left(1.5\times10^{-3}\text{m},0,\frac{\sqrt{3}}{2}\times10^{-3}\text{m}\right)$，由于在颗粒的运动过程中，速度的最大值和最小值的比值达到了 10^9 倍，因此图7-3中的纵坐标为以10为底的对数坐标，便于更清楚地看到颗粒速度及介电泳力的变化，在颗粒2中，6.4min 后，颗粒的速度和介电泳力不再变化，说明该颗粒已经被吸附到了填料上，由于边界条件设置为“冻结”，当颗粒被吸附后，其速度和力将不再变化。

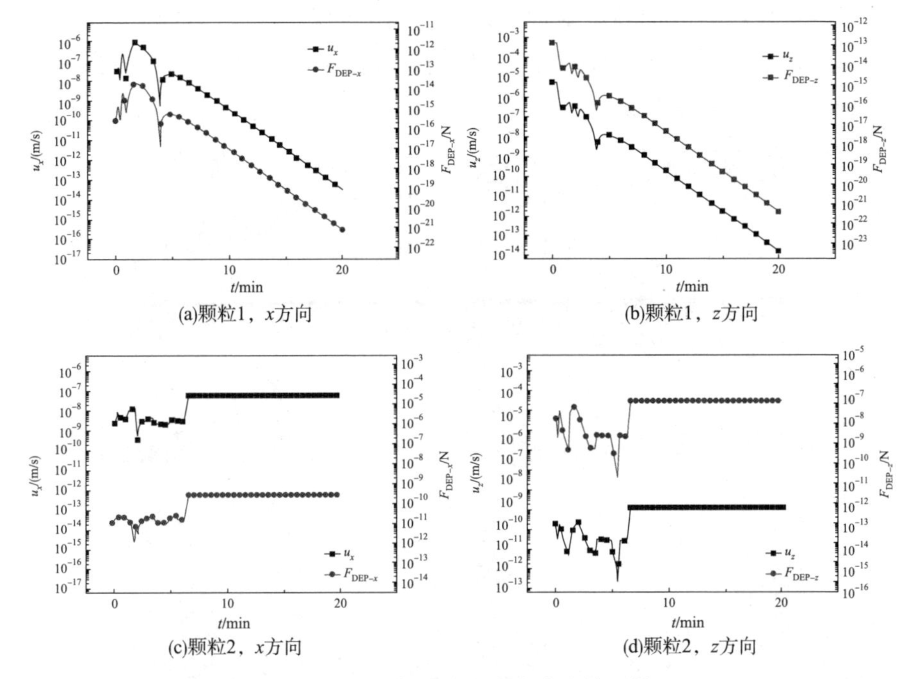

(a)颗粒1，x方向　(b)颗粒1，z方向

(c)颗粒2，x方向　(d)颗粒2，z方向

图7－3　颗粒速度和介电泳力的比较

由图7－3可以发现：两条曲线的趋势基本相同，这也说明了式(7－3)是合理的。类似地，在y方向上，由于有效重力的存在，通过求解方程组得到的颗粒速度如式(7－4)所示。

$$u_y = -\left[\frac{\rho_f g(\rho_p - \rho_f)}{18\rho_p} \pm \frac{\varepsilon_{r,f}(\varepsilon_{r,p} - \varepsilon_{r,f})}{12(\varepsilon_{r,p} + 2\varepsilon_{r,f})} \cdot \frac{\partial |E|^2}{\partial y}\right] \cdot \frac{d_p^2}{\mu}\left(1 - e^{\frac{-18\mu}{d_p^2 \rho_f} t}\right) \quad (7-4)$$

在式(7－4)中，当有效重力与介电泳力相同时取正号，相反时取负号。由于力的方向的不确定性，此时再用介电泳力定性地分析颗粒的速度将不再适用。但是当固相颗粒与液相介质的密度差异很小时，有效重力可以忽略。

图7－4表示的是应用颗粒的速度表达式(7－3)后处理得到的装置内电场散度图，即颗粒在装置内的速度分布图，这种做法可以将COMSOL中求解颗粒速度的方法拉格朗日法转化为欧拉法，将装置中每个位置处颗粒的速度情况绘制出来，便于今后的研究。颗粒其中截面及截面的序号与图6－8和图6－9中相同。由于不同位置处的电场强度的散度相差很大，为了便于清晰地看到颗粒速度的变化，将背景图例中颜色范围变化改成按以10为底的对数渐变。由图7－4可以看出：在每个接触点附近，电场散度的变化趋势与图6－10中电场强度的变化趋势相同，即在有效接触点附近，颗粒的速度随着距接触点距离的减小而增大，在无

法达到吸附颗粒目的的接触点附近，颗粒的速度随着距接触点距离的减小而减小，且第 2 章中分析了颗粒的运动反向指向有效接触点且背离无效的接触点，这说明在理论上，只要介电泳力足够大，颗粒是有可能完全被分离出来的。

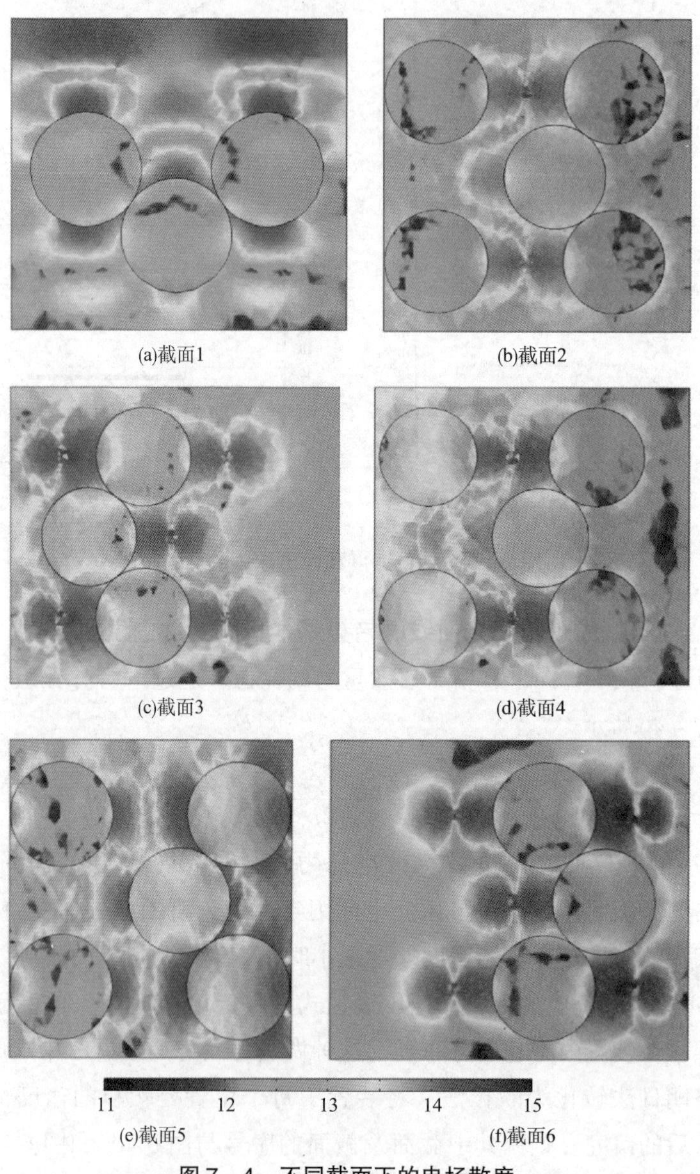

(a)截面1　(b)截面2　(c)截面3　(d)截面4　(e)截面5　(f)截面6

图 7－4　不同截面下的电场散度

图 7－5 表示的是计算域中所有颗粒受力的平均值，从图中可以看出颗粒受力的量级范围在 10^{-14} ～ 10^{-12}N 。在大多数的时间下，颗粒所受的曳力 F_{SD} 均大于介电泳力 F_{DEP} ，这与图 7－3 中颗粒 1 做减速运动是相符的。

图7－6表示的是颗粒1在x、y和z 3个方向上速度和受力方向的示意图，从图中可以发现：当重力不存在时，曳力总是与颗粒的速度方向相反，而介电泳力始终与速度的方向相同。在y方向上，由于有效重力的存在，介电泳力有时与颗粒的速度方向相同，有时与颗粒的速度方向相反。由于实验装置的取样口在装置的下部，若净化后的油浆从装置下部流出，可能将部分由于重力原因沉降到装置底部的颗粒夹带排出，造成二次污染，影响分离效率，这将在一定程度上影响装置的分离效果。因此，可以对装置做出改进，使油浆从装置下部流入静电分离器，净化由从上端排出，消除重力对分离效果的影响。

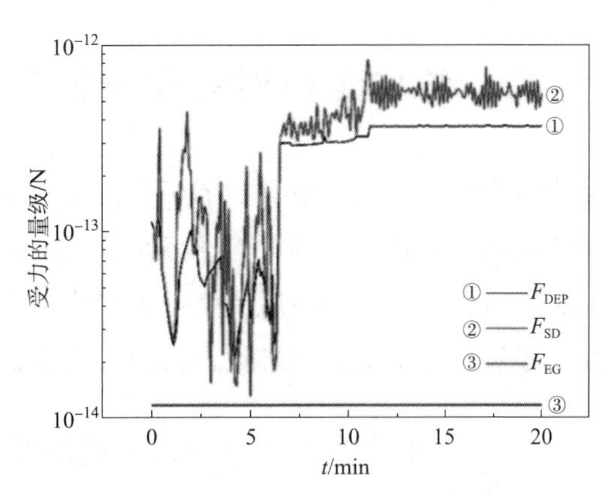

图7－5　颗粒受力量级的比较

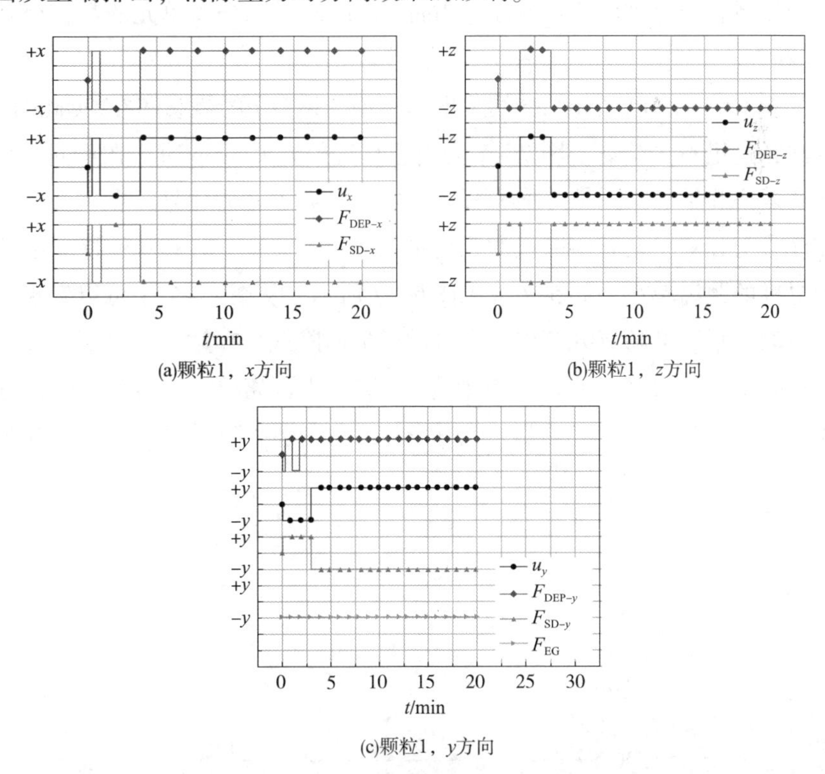

(a)颗粒1，x方向

(b)颗粒1，z方向

(c)颗粒1，y方向

图7－6　颗粒1受力方向和速度方向的比较

7.2 结构参数对静电分离的影响

结构参数是影响静电分离器分离性能的重要参数之一，在工业应用中，还会对生产成本、处理能力等方面造成影响。因此，对静电分离器进行结构方面的优化是使静电催化裂化油浆脱固实现工业化应用的前提条件之一。根据前文中的数值仿真模型，本节对结构参数进行数值仿真研究。

7.2.1 填料直径对分离效率的影响

填料的直径会影响静电分离的孔隙率和电场分布，从而影响静电分离器的分离效率。在本节中，对分离单元为由 17 个填料组成的 hcp 的堆积方式，填料的直径为 1.5mm、3mm 和 5mm，电压范围为 6.5 ~ 10.5kV 下装置的分离效率进行了研究。当填料的直径不同时，分离单元的数目也就不同，如 5.2 节中图 5 - 2 所示。当填料直径分别对应 1.5mm、3mm 和 5mm 时，分离单元的数目分别对应为 6、3 和 2。

在第 6.1 节中，已经详细介绍了电场不均匀系数 f 的概念和在 COMSOL 中的计算方法，这里不再赘述。图 7 - 7 为当填料直径为 1.5mm 时，在不同分离单元下的分离效率和不均匀系数。横坐标表示的是分离单元的序号，在本文中，分离单元的序号与分离单元到内电极的距离呈正相关的关系。分离单元序号越小，表示距内电极的距离越小，如 5.2 节中图 5 - 2 所示。从图 7 - 7 中可以发现：分离效率和不均匀系数都随着分离单元序号的增加而降低。在第 1 个分离单元内，分离效率达到了 63.415%，不均匀系数为 3.365；当分离单元序号为 6 时，分离效率变为了 44.715%，不均匀系数变为了 2.512，分别下降了 29.49% 和 25.35%。

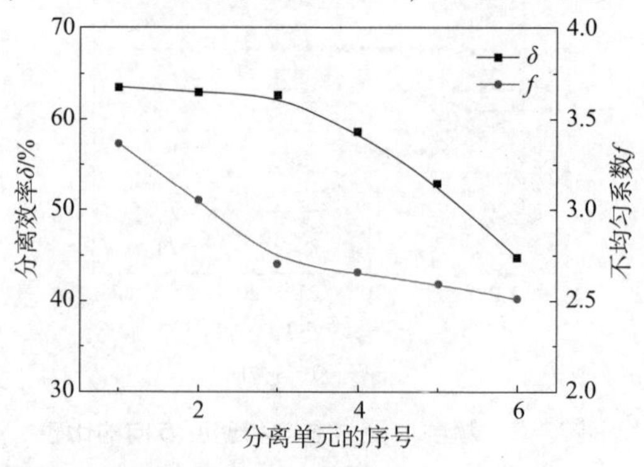

图 7 - 7 d=1.5mm 时不同分离单元下的分离效率和不均匀系数

由式(5－7)可以看出，当外加电压 U 不变、分离单元距内电极的最短距离 $r_{i,\mathrm{in}}$（分离单元的序号）增加时，每个分离单元上的电势差 $U_{\mathrm{a},i}$ 减小。另外，在每个分离单元中，$r_{i,\mathrm{out}}$ 和 $r_{i,\mathrm{in}}$ 的比值可以由式(7－5)表示。

$$\frac{r_{i,\mathrm{out}}}{r_{i,\mathrm{in}}}=\frac{l}{r_{i,\mathrm{in}}}+1 \tag{7-5}$$

当 $r_{i,\mathrm{in}}$ 增加时，两者的比值越来越接近1，意味着分离单元内的原始电场越来越接近匀强电场，因此，当分离单元的序号增大时，分离单元内部电场的不均匀系数将逐渐降低。通过第2章和第6.1节的分析，导致颗粒吸附的主要驱动力为介电泳力，而介电泳力中电场平方的梯度 $\nabla|E|^2$ 与电场的不均匀系数呈正相关的关系，当电场的不均匀系数减小时，$\nabla|E|^2$ 也减小，另外，由第5章的结论可以得出，电势差 $U_{\mathrm{a},i}$ 的减小也将导致 $\nabla|E|^2$ 的减小，从而使分离效率降低。

图7－8显示了填料直径为3mm和填料直径为5mm时每个分离单元内的分离效率和不均匀系数。同样地，随着分离单元序号的增大，分离效率和不均匀系

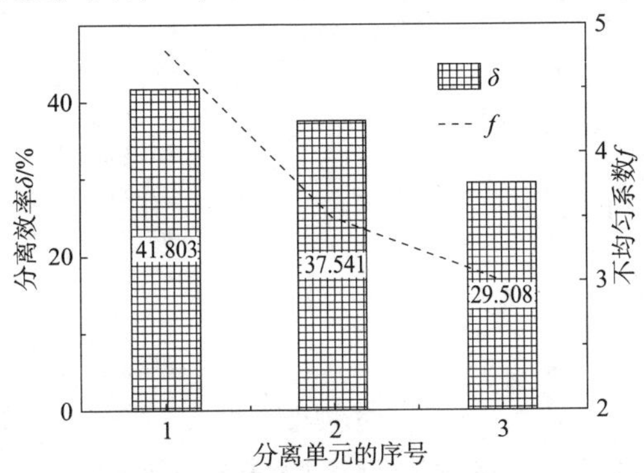

(a)填料直径d=3mm时不同分离单元下的分离效率和不均匀系数

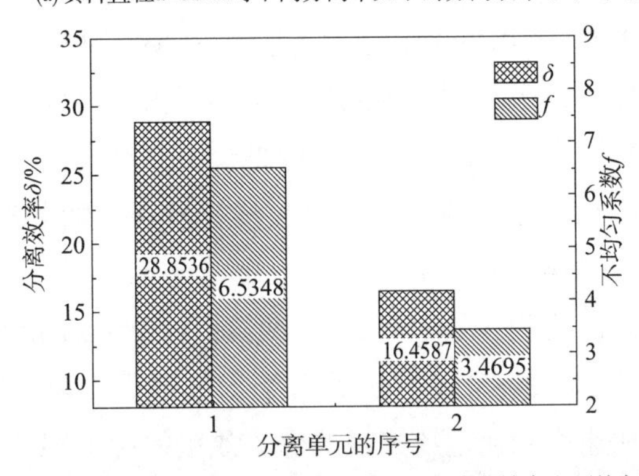

(b)填料直径d=5mm时不同分离单元下的分离效率和不均匀系数

图7－8　不同填料直径下的不同分离单元内的分离效率和不均匀系数

数均降低。同时可以发现，当不均匀系数最大时，分离效率不一定是最高的。例如，当填料直径为3mm时，第1个分离单元的不均匀系数为4.8078，当填料直径为5mm时，第1个分离单元内的不均匀系数为6.5348，同比增长了35.92%，但是分离效率却降低了30.98%。这是因为当填料的堆积方式同为六方最密堆积时，分离单元内的孔隙率相同，均为74%，但是当填料的直径不同时，分离单元的体积也不同，因此，对于同样的堆积方式，当填料的直径不同时，颗粒能够运动的空间也就不同。当填料的直径分别为1.5mm、3mm和5mm时，对应的颗粒的运动空间分别为5.30mm^3、42.38mm^{3}和196.22mm^3。由于随着分离单元序号的增大，计算域中的外加电压和非均匀系数均减小，所以导致介电泳力F_{DEP}减小，由第7.1.2节的结论可知，这将导致颗粒的速度减小，因此，仅比较不同填料直径下第1个分离单元内颗粒的平均速度即可，如图7-9所示。

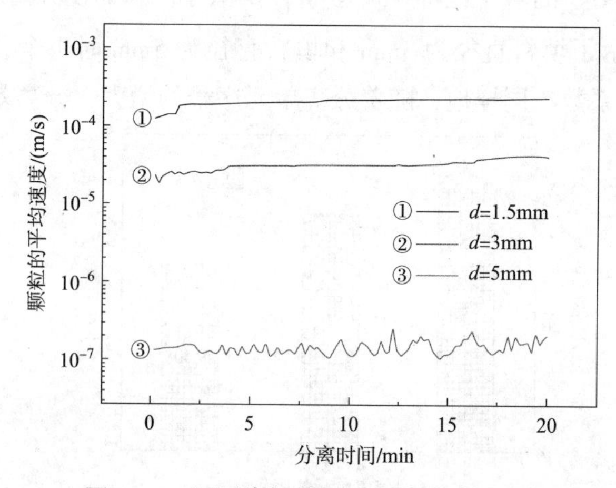

图7-9 不同填料直径下颗粒的平均速度

当填料的直径为1.5mm和3mm时，颗粒的速度略有波动，随着填料直径的增大，颗粒群的平均速度减小，同时颗粒运动空间增大。因此，即使在相同的分离时间内，不均匀系数增大，分离效率也会降低。

图7-10为不同填料直径下的分离效率，研究发现，随着外加电压的增大，分离效率增大，其中当填料直径为1.5mm，电压从6.5kV增大到10.5kV时，分离效率增加的幅度最大，达到了36.94%；当填料直径为3mm和5mm时，分离效率分别增长了32.56%和20.88%。这是由于当填料直径增大时，由前面的分析，颗粒的运动空间和速度相比电压来说对分离效率的影响因子更大，因此，即使电压升高了4kV，分离效率增长的也比较缓慢。经过上述的分析，可以得出如下结论：在使用静电分离器脱除催化裂化油浆中的固体颗粒时，有必要选择较小

的填料直径，以提高装置的分离效率，但需要注意的是，过小的直径可能造成装置内部堵塞，增加反洗过程的难度。

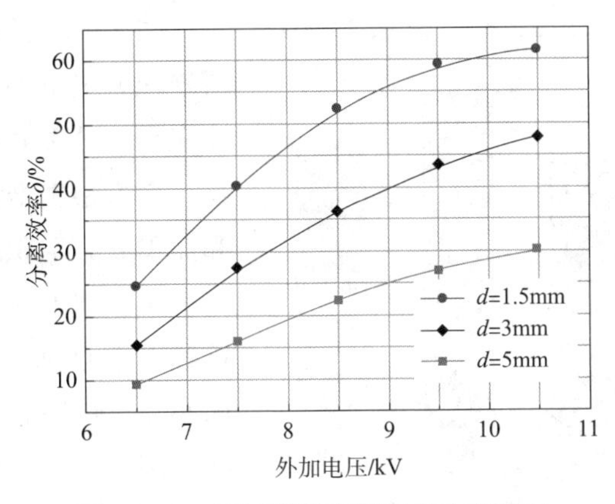

图 7-10　不同填料直径下的分离效率

7.2.2　填料堆积方式对分离效率的影响

在实验条件下，填料的堆积方式很难控制，而利用数值仿真的方法研究这一参数对分离效率的影响则简便很多，本节中模拟了在填料直径为3mm、内电极直径为10mm、8.5kV 的外加电压下，4 种不同的填料堆积方式的分离效率。4 种填料的堆积方式包括六方最密堆积、面心立方堆积、体心立方堆积和简单立方堆积，如6.1.2 节中图 6-5 所示。同样地，分离单元序号的增大表示分离单元与内电极的最短距离增大。图 7-11 表示的是在不同的填料堆积方式下不同分离单元内的分离效率，可以看出，在相同的堆积方式下，每个分离单元内的分离效率与该分离单元距内电极的距离呈正相关的关系。与前面规律不同的是，当分离单元的序号为 1 时，分离效率按照面心立方堆积、体心立方堆积、简单立方堆积和六方最密堆积的顺序依次降低，这主要是由于当填料的堆积方式不同时，每个分离单元内的外加电压（见 6.1.1 节）、不均匀系数（见

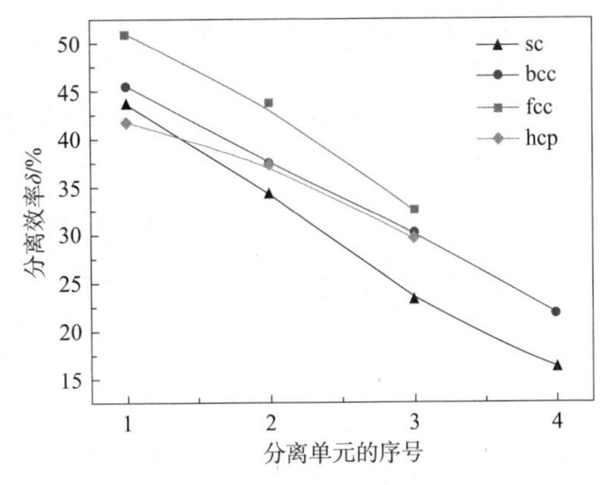

图 7-11　不同填料堆积方式下不同分离单元内的分离效率

6.1.1 节)、空间利用率和粒子运动空间均不同，这些因素的综合作用导致分离效率的差异。

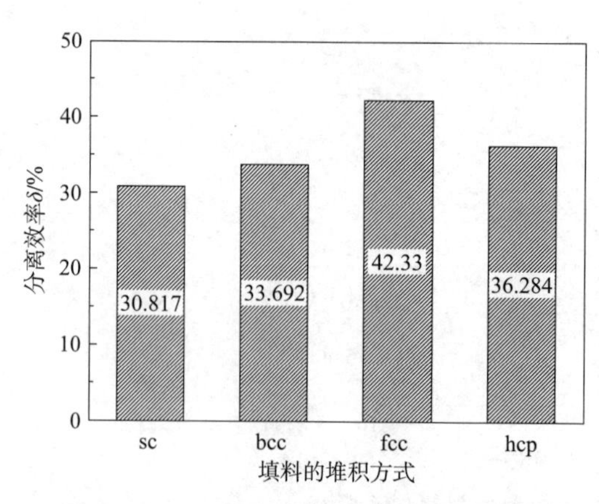

图7－12　不同填料堆积方式的分离效率

图7－12给出的是在不同的填料堆积方式下的平均分离效率，整体来看，分离效率按照面心立方堆积、六方最密堆积、体心立方堆积和简单立方堆积的顺序依次降低。

从宏观上来说，这主要是由于接触点数目和空间利用率的差异。面心立方堆积和六方最密堆积的空间利用率相同，均为74%；体心立方堆积的空间利用率为68%；简单立方堆积的空间利用率最低，为52%。在整个装置体积相同的情况下，随着空间利用率的提高，颗粒的运动空间逐渐减小，导致分离效率的提高。4种填料的堆积方式中，接触点的数目按照六方最密堆积、面心立方堆积、体心立方堆积和简单立方堆积的方式依次递减，分别为45、36、16和12。虽然六方最密堆积中接触点的数量多于面心立方堆积的数量，但是根据第6.1节中的“有效接触点”理论，并不是所有的接触点都可以达到吸附颗粒的效果，这与原始电场的电场线和接触点两侧填料中心连线的夹角有关系。由于面心立方堆积的方式具有轴对称的特性，因此选取了9条截线来研究每个接触点附近的电场强度变化，如图7－13所示。

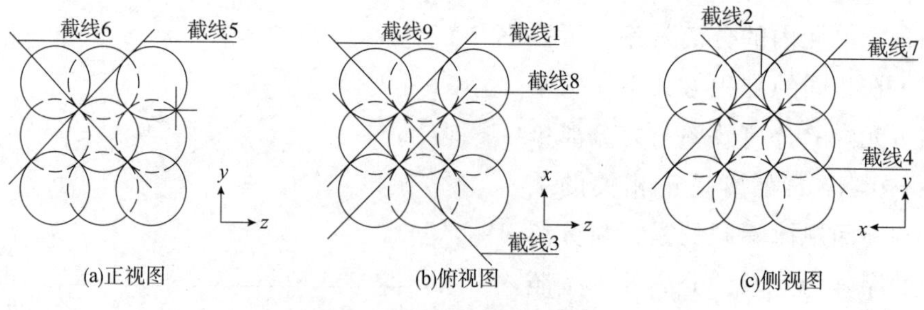

图7－13　截线位置示意图

每条截线上电场强度的变化如图7－14所示。在本书的研究中，由于流体的相对介电常数 $\varepsilon_{r,f}$ 小于颗粒的相对介电常数 $\varepsilon_{r,p}$，颗粒将受到正向介电泳力，即向电场强度增大的方向移动。由图7－14可以看出：在9条截线上，只有在截线

5 和截线 6 上，当距离接触点的距离减小时，电场强度减小，其余的截线上，接触点处的电场强度均为附近区域的极大值。这表明在这两条截线上的接触点并不能达到去除催化剂颗粒的目的。根据 6.1 节中的结论，当填料的堆积方式为六方最密堆积和面心立方堆积时，在 1 个分离单元内，有效接触点的数目分别为 24 个和 26 个。因此，在相同的参数下，填料堆积方式为六方最密堆积结构的分离效率要低于面心立方堆积结构的分离效率。

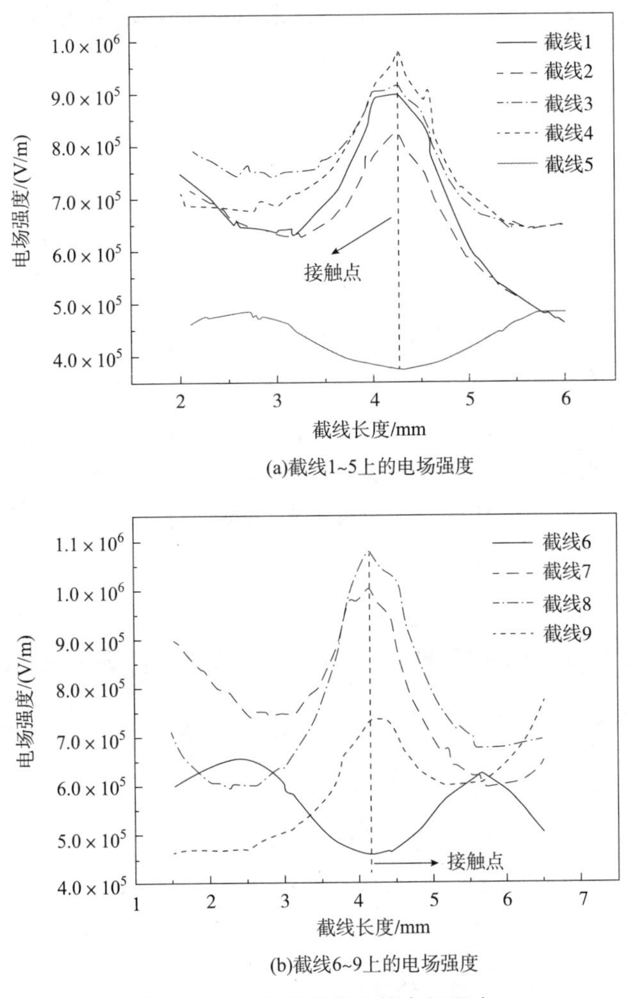

(a)截线1~5上的电场强度

(b)截线6~9上的电场强度

图 7-14 每条截线上的电场强度

7.2.3 内电极直径对分离效率的影响

在静电分离器中，内电极直径也是非常重要的结构参数，其改变能够影响装置的处理量和电场分布，进而对分离效率造成影响。在本节中，采用数值模拟与实验结合的方法，首先对内电极直径分别为 8mm、10mm、12mm、14mm 和 16mm，填料直径 1mm，外加电压 6kV 的情况下的分离效率进行了模拟研究。为了使模拟条件设置得更加贴合实验条件，在模拟之前首先对不同内电极直径下装置内的孔隙率进行了测量，结果如图 7－15 所示。

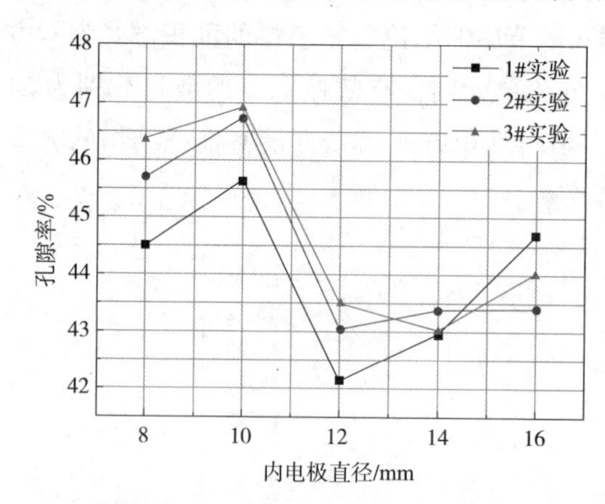

图 7－15　不同内电极直径下的孔隙率

由图 7－15 可以看出：在不同的内电极直径下，装置内的孔隙率确实存在差异，但是差距不大，最大相差 4.758%，通过 3 组数据计算得到的装置内孔隙率的平均值为 44.395%，与简单立方堆积的孔隙率 48% 最为接近，因此，在数值仿真中选择简单立方堆积的堆积方式。模拟得到的不同内电极直径下的分离效率如图 7－16 所示，随着内电极直径的增大，分离效率都呈现出先减小后增大的趋势。当内电极直径为 10mm 时，分离效率最低；内电极直径为 16mm 时，分离效率最高。在内电极直径增加的过程中，主要从以下两个方面来影响静电分离器内电场的分布：电场强度 E 和不均匀系数 f。为了探究分离效率出现这种变化规律的原因，将不同内电极直径下的电场强度和不均匀系数的数据进行了处理，如图 7－17 和图 7－18 所示，其中 D_{in} 表示内电极的直径。

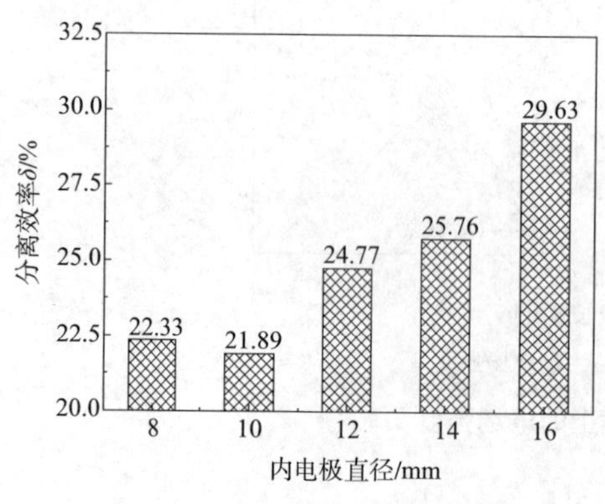

图 7－16　不同内电极直径下分离效率的模拟值

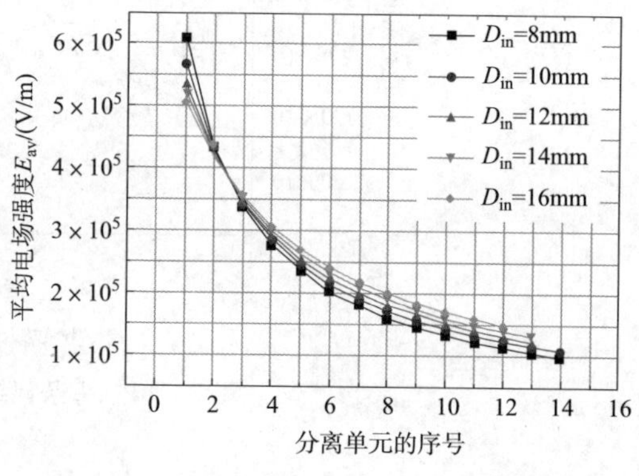

图 7－17　不同分离单元下的平均电场强度

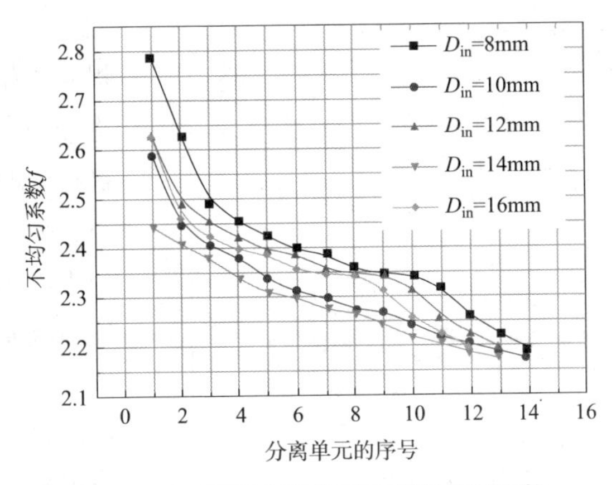

图7-18　不同分离单元下的不均匀系数

从图7-17可以看出，在相同内电极直径的情况下，平均电场强度随着分离单元序号的增加而降低，这是因为随着分离单元序号的增加，各分离单元内的电势差逐渐减小，且分离单元的径向距离 l 保持不变，导致平均电场强度降低。同样地，图7-18中，在内电极直径相同的情况下，不均匀系数 f 随着分离单元序号的增大而减小，这种现象的原因已经在7.2.1节中做出了解释，这里不再赘述。式(6-12)中，已经说明了在COMSOL软件中求解单个分离单元内电场强度平均值的方法，在多个分离单元内，整个装置内的平均电场强度如式(7-6)所示。

$$E_{av}=\frac{\sum_{i=1}^{n}E_{av,i}}{n}\tag{7-6}$$

式中，$E_{av,i}$ 表示分离单元序号为 i 时该单元内的平均电场强度。

整个装置内的不均匀系数 f 由式(7-7)求得。

$$f=\frac{\max\{E_{max,1},E_{max,2},\cdots,E_{max,n}\}}{\sum_{i=1}^{n}E_{av,i}/n}\tag{7-7}$$

式中，$E_{max,n}$ 表示序号为 n 的分离单元内电场强度的最大值。

对整个模型应用式(7-6)和式(7-7)求解后，整个装置内的平均电场强度和平均不均匀系数如图7-19所示。

从图7-19可以看出：随着内电极直径的增大，平均电场强度逐渐升高，不均匀系数则逐渐降低，其中，平均电场强度提高了17.35%，不均匀系数降低了38.06%。当内电极直径增大、外电极直径不变时，在两电极之间施加相同的电压后，由于两电极之间的距离减小，电场强度增大，即表现为平均电场强度的增

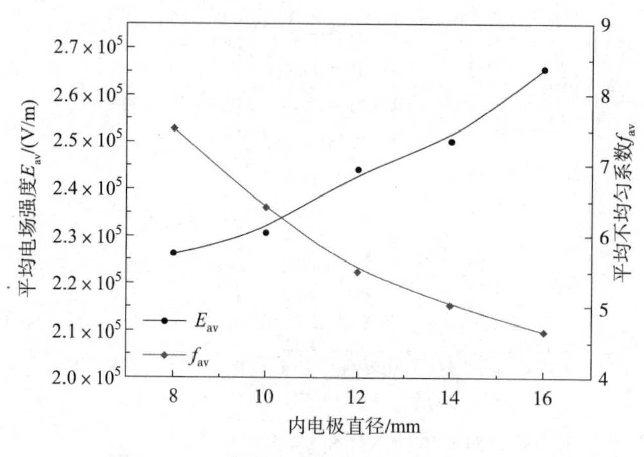

图7－19　不同内电极直径下整个装置内的平均电场强度和不均匀系数

大，可能引起分离效率的提高；相反地，当内电极直径增大时，由于两个电极板间曲率半径的差值减小，使原始电场更接近于匀强电场，如7.2.1节所述，因此，不均匀系数逐渐减小，可能引起分离效率的降低。由于两者的变化引起的作用相反，为了确定平均电场强度和不均匀系数对分离效率影响作用的强弱，将不同内电极直径下电场强度平方的梯度$\nabla|E|^2$绘制成图。在COMSOL软件中，能获得模型内各个位置处的电场强度E，则$\nabla|E|^2$的值可以通过式(7－8)求解。

$$\nabla|E|^2 = \sqrt{\left(\frac{\partial|E|^2}{\partial x}\right)^2 + \left(\frac{\partial|E|^2}{\partial y}\right)^2 + \left(\frac{\partial|E|^2}{\partial z}\right)^2} \tag{7-8}$$

其中，不同分离单元下的电场强度平方的梯度值如图7－20所示。

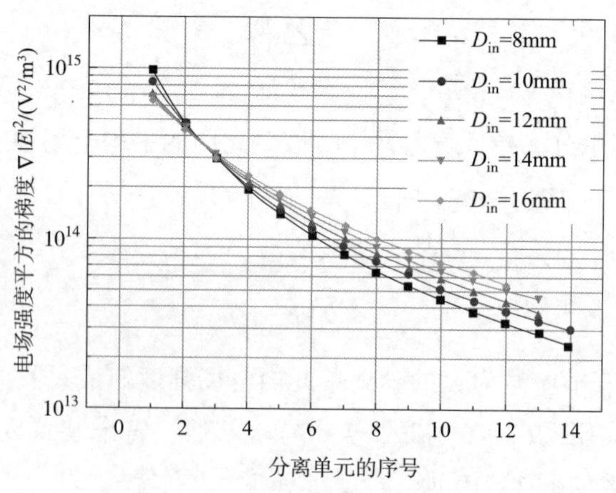

图7－20　不同分离单元下的$\nabla|E|^2$

前文已经给出，$\nabla|E|^2$的值与介电泳力F_{DEP}呈正相关的关系，当电场强度平方的散度增大时，介电泳力增大，进而导致分离效率提高。从图7－20中可以发现：当内电极直径相同时，电场强度平方的梯度随着分离单元序号的增加而逐渐

降低，这也验证了7.2.1节中“在相同参数下，分离效率随分离单元序号的增加而逐渐降低”的结论是正确的。在平均电场强度和不均匀系数的综合作用下，整个装置内 $\nabla|E|^2$ 的值如图7－21所示。

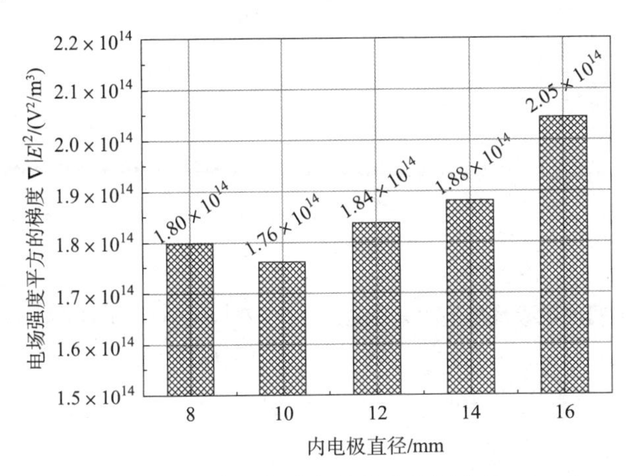

图7－21　不同内电极直径下整个装置内的 $\nabla|E|^2$

从图7－21可以发现：模型内的 $\nabla|E|^2$ 也是随着内电极直径的增大呈现出先减小后增大的趋势，且当内电极直径为10mm时达到了极小值，在内电极直径为16mm时达到了极大值，这与分离效率随着内电极直径改变而发生的变化趋势是相同的。这主要是由于装置内的平均电场强度和不均匀系数 f 的变化率不同引起的。从图7－19可以发现：随着内电极直径的增大，平均电场强度升高的速率逐渐加快，而不均匀系数降低的速率逐渐减小，这说明在内电极直径较小时，不均匀系数成为影响分离效率的主要因素，使分离效率逐渐降低，随着内电极直径的增大，由于不均匀系数下降的速率减慢，而平均电场强度升高的速率加快，使平均电场强度逐渐成为影响分离效率的主要因素，因此导致分离效率提高。为了验证数值仿真的结果是否准确，另外分别对不同内电极直径的条件进行了实验研究，如图7－22所示。

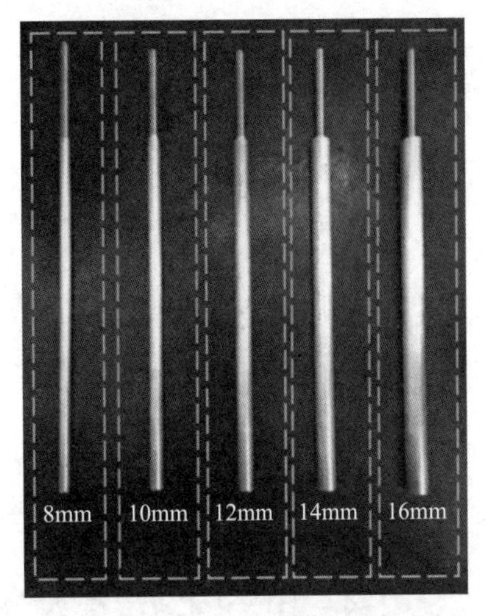

图7－22　不同直径的电极

需要指出的是，由于在实验过程中需要更换内电极，因此保证在不同实验下装置内填料的堆积方式保持不变非常困难，为了尽

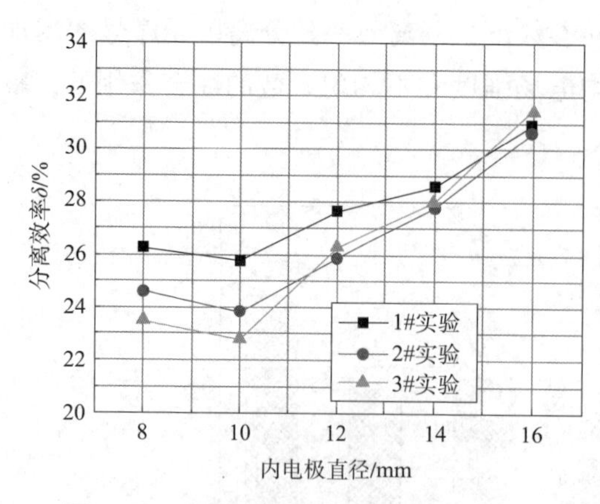

图7-23　不同内电极直径下的分离效率

量消除填料的堆积方式对实验结果的影响，采用了多次重复实验的方法。每组实验的结果如图7-23所示。

从图7-23中可以发现：尽管在每次实验中孔隙率存在差异，但是3次实验下对于不同内电极直径的分离效率趋势是相同的，分离效率均随着内电极直径的增大呈现出先降低后升高的趋势，这也与模拟得出的结论是一致的，同时，这也说明在实验条件(填料直径3mm、外加电压6kV)下，由于填料堆积方式产生的差异对分离效率的影响可以忽略。将3次平行实验的结果取平均值，其与数值仿真值的对比如图7-24所示。

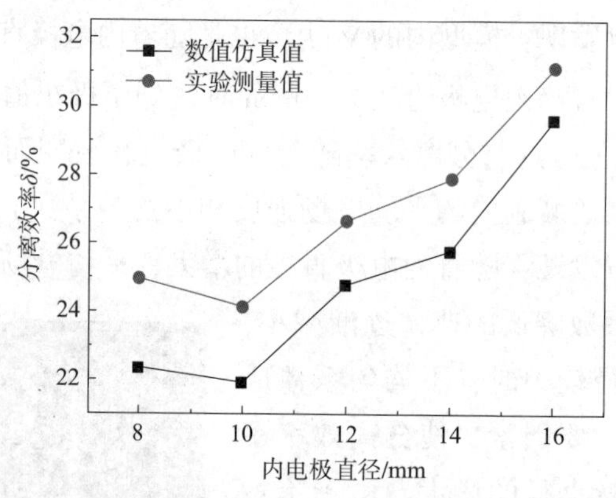

图7-24　改变内电极直径条件下数值仿真与实验的对比

如图7-24所示：随着内电极直径的增大，数值仿真值和实验测量值的变化趋势相同，均为先减小后增大的趋势，且最大相对误差为9.25%，说明数值仿真过程是合理的。通过上述的分析，可以得出结论：虽然提高内电极直径可以在一定程度上提高分离效率，但是会降低装置的处理量。在实际应用中，需结合经济效益和工业需求等多重因素综合考虑，选择合适的内电极直径。

7.2.4　电场均匀特性对分离效率的影响

目前在生物、医药等领域可使用极板形静电分离器对微粒进行DEP操纵，而对催化裂化油浆多数使用圆柱形静电分离器进行脱固处理，因此本节研究了极板形(外加均匀电场)静电分离器和圆柱形(外加非均匀电场)静电分离器中填料球接触点处电场强度的差异。分别建立模型如图7－25所示，极板形静电分离器模型的长、宽、高尺寸为10cm×8cm×4cm，为便于分析，圆柱形静电分离器依然选取整体的一部分作为模型，并且控制两种分离器正极极板的面积相同，因此圆柱形静电分离器内外极板的半径分别为7.64cm和17.64cm，高为4cm。两个静电分离器均在径向同一位置处放置两个直径为3mm的玻璃球填料，并让两个填料中心连线与电场线所成角度θ从0°到90°间隔10°进行变化，在两个模型正极均施加10kV电压，分析两个静电分离器中填料接触点处电场强度的差异，结果如图7－26所示。

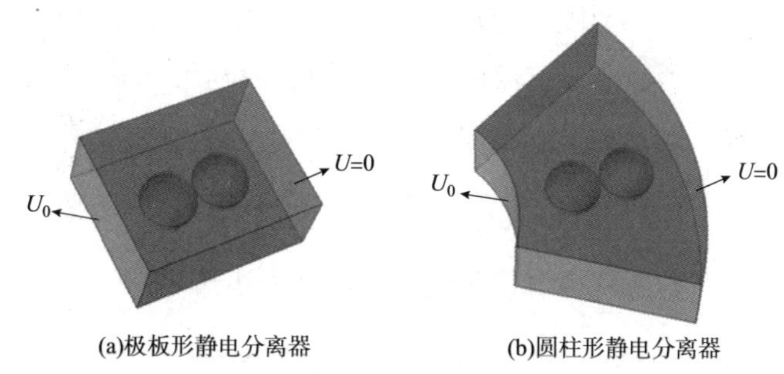

(a)极板形静电分离器　　(b)圆柱形静电分离器

图7－25　极板形和圆柱形静电分离器模型

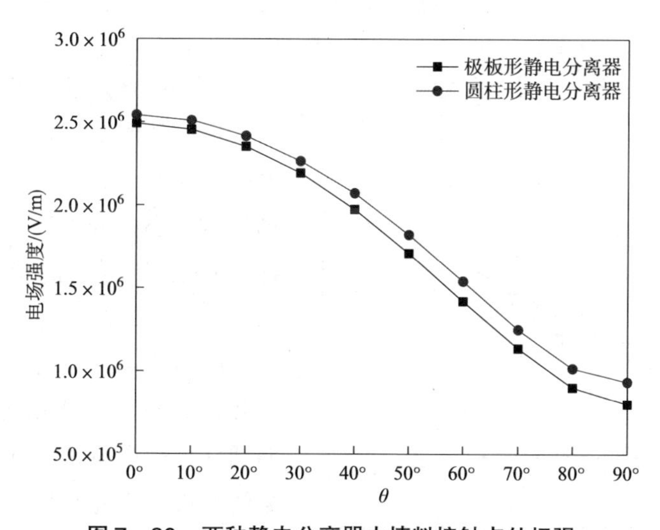

图7－26　两种静电分离器中填料接触点处场强

由图7－26可知：在两种静电分离器中填料接触点处的场强随着角度θ的增大而减小，并且同一角度下圆柱形静电分离器内填料接触点处场强大于极板形静电分离器。两种静电分离器中填料接触点处的场强差异可以由“有效接触点”理论进行进一步的分析，“有效接触点”理论描述圆柱形静电分离器中填料接触点处电场强度大小的表达式如式(6－23)所示。

式(6－23)中，a 为修正因子，可能与填料的介电性质相关；式(7－9)中，r_{ra}为圆柱形静电分离器内任意点的径向位置，mm。圆柱形静电分离器即圆柱形电容器，圆柱形电容器内部电场强度可由式(7－9)表示。

$$E = \frac{U}{r_{ra}\ln(R_{out}/R_{in})} \tag{7-9}$$

在平行板式电容器中，电场强度表达式如式(7－10)所示。

$$E = \frac{U}{d_1} \tag{7-10}$$

式中，d_1为两平行板之间的距离，mm。而极板形静电分离器即为平行板式电容器，因此，可推导出极板形静电分离器中的"有效接触点"理论，具体如式(7－11)所示。

$$E_2 = \frac{3aU\sqrt{(\varepsilon_g^2 - \varepsilon_f^2)\cos^2\theta + \varepsilon_f^2}}{d_1(2+\varepsilon_g)\varepsilon_f} \tag{7-11}$$

为了对比分析两种静电分离器内填料接触点处电场强度大小，定义一个变量 ε，ε 由式(6－23)和式(7－11)相除得来，具体如式(7－12)所示。

$$\varepsilon = \frac{|E_1|}{|E_2|} = \frac{d_1}{r_{ra}\ln(R_{out}/R_{in})} \tag{7-12}$$

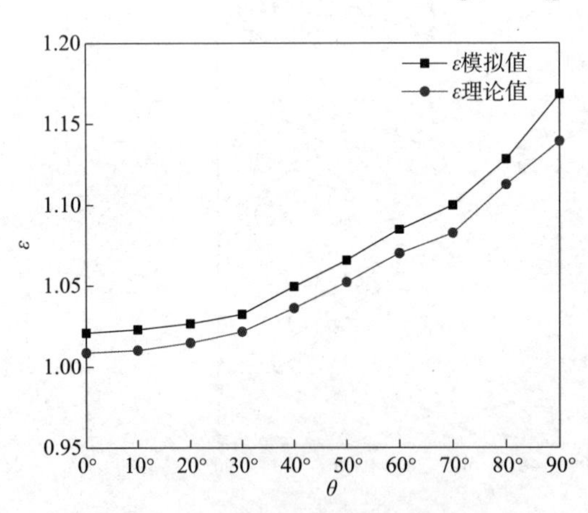

图 7－27　ε 数值模拟值与理论计算值大小

ε 是一个无量纲常数，并且消除了角度的影响，可以更直观地比较两种静电分离器中填料接触点处场强的大小。分别通过数值模拟和理论计算求得 ε 的值如图 7－27 所示。

由图 7－27 可以看出：ε 模拟值和理论值的最小值均大于 1，表明圆柱形静电分离器中填料接触点处的电场强度比相同角度下的极板形静电分离器大，模拟值和理论值的最大相对误差为 2.55%，在合理误差范围内。随着角度 θ 的增加，两数值都增大，这与图 7－26 中两条曲线之间的间距随角度 θ 的增大而增大的现象一致。ε 随角度增大而增大的原因是在非均匀电场中，填料接触点的径向位置 r_{ra} 随着 θ 的增加而减小，因此场强逐渐增大，这也与"有效接触点"理论模型相一致。

对填料接触点处电场强度的分析表明：圆柱形静电分离器对颗粒的分离效果

强于极板形静电分离器。为了更直观地表示这一观点，建立如图 7 - 28 所示的两个模型。

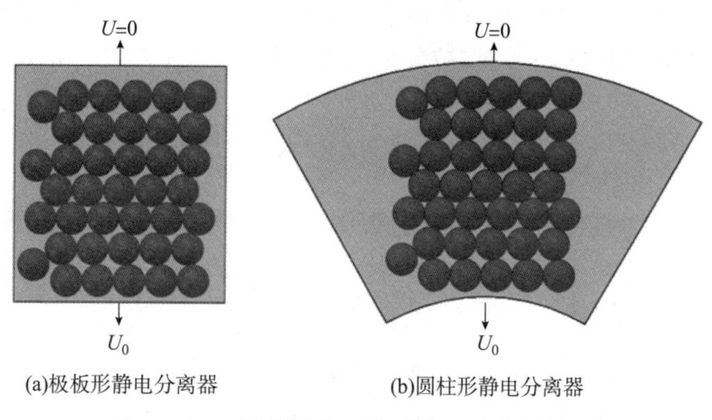

(a)极板形静电分离器　　(b)圆柱形静电分离器

图 7 - 28　极板形和圆柱形静电分离器模型

图 7 - 28 中极板形静电分离器模型长、宽、高为 22cm × 30cm × 4cm，设置圆柱形静电分离器的正电极面积与极板形静电分离器相同，因此圆柱形静电分离器的内、外电极直径分别为 21cm × 51cm，高为 4cm。两个静电分离器中的玻璃球填料直径均为 3mm，并且设置玻璃球填料与电场线之间的夹角变换范围是 0° ~ 90°，正极施加电压 10kV，模拟运行 20min，得到颗粒运动轨迹如图 7 - 29 所示。

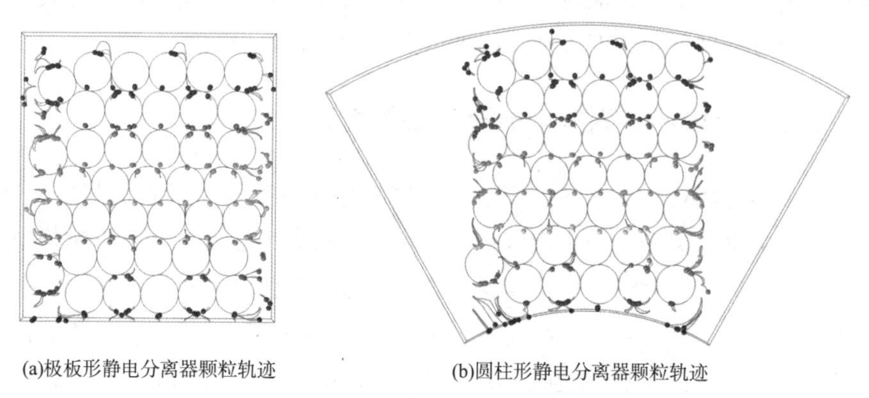
(a)极板形静电分离器颗粒轨迹　　(b)圆柱形静电分离器颗粒轨迹

图 7 - 29　极板形和圆柱形静电分离器颗粒轨迹图

由图 7 - 29 可知：在两种静电分离器中，催化剂颗粒的主要吸附位置在玻璃球填料的接触点处，并且与电场线方向所成角度较小的接触点对颗粒的吸附能力较强，与电场线所成角度较大的接触点对颗粒的吸附能力较弱，这与“有效吸附点”理论模型相一致。将计算域中释放的颗粒总数记为 N，将被吸附到填料表面的颗粒总数记为 N'，因此，模型中静电分离效率如式(7 - 13)所示。

$$\delta = \frac{N'}{N} \times 100\% \tag{7-13}$$

为了更准确地分析两种静电分离器对颗粒吸附能力的差别，分别模拟两种静电分离器在不同施加电压下的颗粒分离效率，结果如图 7－30 所示。

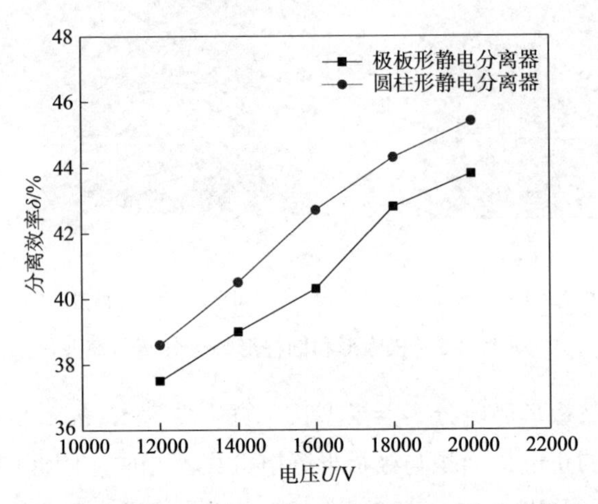

图 7－30　两种静电分离器在不同电压下的分离效率

由图 7－30 可知：随着电压的增加，极板形静电分离器和圆柱形静电分离器的颗粒分离效率均增大，同时，在同一电压下圆柱形静电分离器的分离效率高于极板形静电分离器，也说明圆柱形静电分离器的分离效果较好。

7.2.5　电极形状对静电分离效率的影响

由上一节分析可知，圆柱形静电分离器的分离效率高于极板形静电分离器，对于圆柱形静电分离器，其中心电极的形状会影响电场强度，进而影响静电分离效率。本节研究了圆柱形静电分离器的内电极形状对分离效率的影响。内电极形状分别为四棱柱、六棱柱、八棱柱、十棱柱、十二棱柱和圆柱形，为保证内电极面积不变，上述多棱柱的边长分别设置为 4.712mm、3.141mm、2.356mm、1.885mm、1.571mm，圆柱形的直径为 6mm，静电分离器的外电极直径为 23mm。Dong 等[115]通过实验将等直径的球体随机倒入一个圆柱形的容器内，研究发现自然状态下的球体堆积结构主要以六方最密堆积（hcp）和面心立方堆积（fcc）为主，且六方最密堆积的数目要多于面心立方堆积。因此，本研究将填料球堆积方式进行简化，假设填料球全部以六方最密的结构堆积，结构如图 7－31 所示。

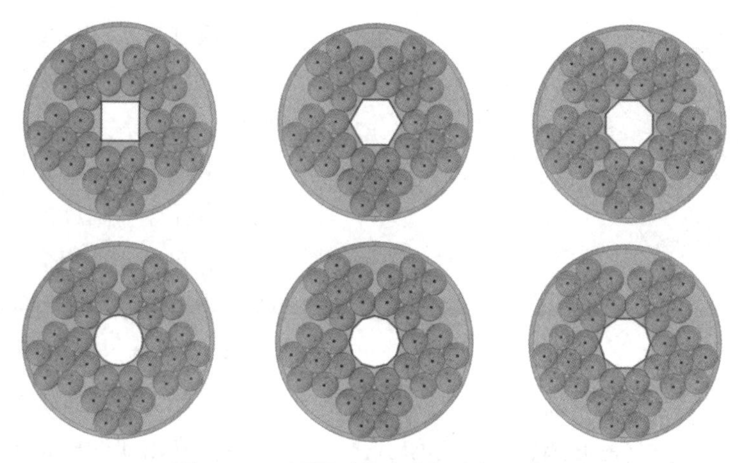

图 7－31　不同形状内电极结构示意图

在数值模拟中，内电极均施加 10kV 正电压，外电极接地，得到不同电极情况下的分离效率 δ 如图 7－32 所示。

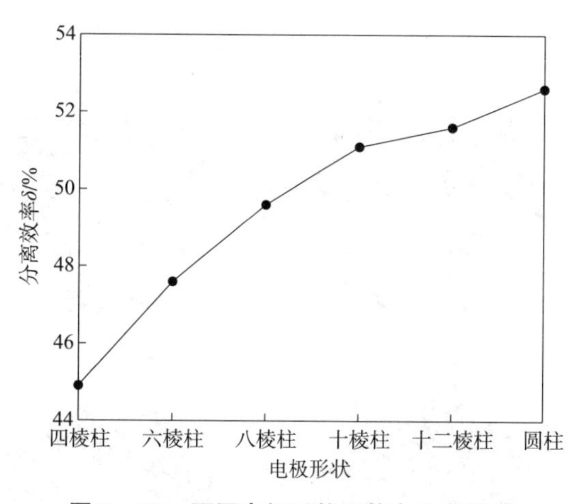

图 7－32　不同电极形状下静电分离效率

由图 7－32 可知：电极形状由正方形逐渐变为圆形的过程中，静电分离效率呈增加趋势，由 44.9% 增大到 52.6%。在静电场中，由于尖端结构会聚集更多极化电荷而使其他地方电荷减少，因此带有尖端的电极在整个模型中所产生的电场强度较小。本研究中电极形状由正方形逐渐变为圆形，棱角由 90°逐渐变为光滑的圆弧，因此电极产生的电场逐渐增强。为了进一步研究电极结构对分离效率的影响，主要从模型的电场强度 E 进行分析，由于静电分离器中填充了填料球，每个位置的电场强度均不相同且整个装置中的电场强度非常复杂，因此用平均电场强度来表示整个装置的场强大小，平均电场强度如式(7－14)所示。

$$E_{av} = \frac{\sum_{i=1}^{n} E_i}{n_0} \tag{7-14}$$

式中，E_i 表示模型中网格序号为 i 时计算所得的电场强度；n_0 表示模型中的网格数。

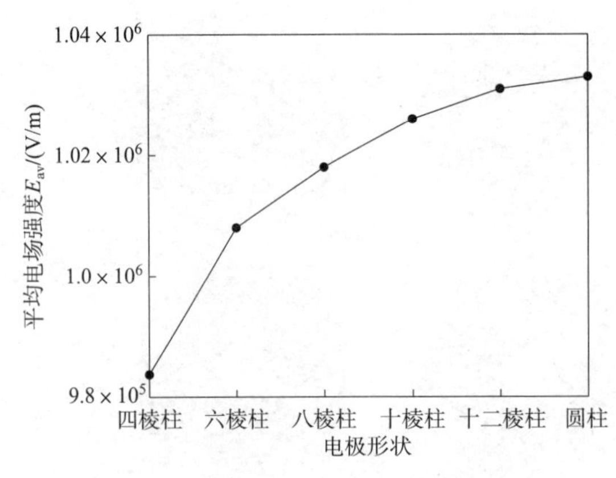

图7－33 不同电极形状下的平均电场强度

通过公式(7－14)求得不同电极结构下模型的平均电场强度变化，如图7－33所示。

由图7－33可知：电极形状由四棱柱变为圆柱的过程中，整个装置的平均电场强度逐渐增强，由9.837×10^5 V/m增大到1.033×10^6 V/m，平均电场强度的变化趋势与装置的分离效率相吻合。在本研究中，电极形状是变化因素，由于在静电场中棱柱形电极棱角处聚集大量极化电荷，因此棱柱形电极会在棱角处产生较大的电场强度，分别取模型的横截面电场强度示意图如图7－34所示。

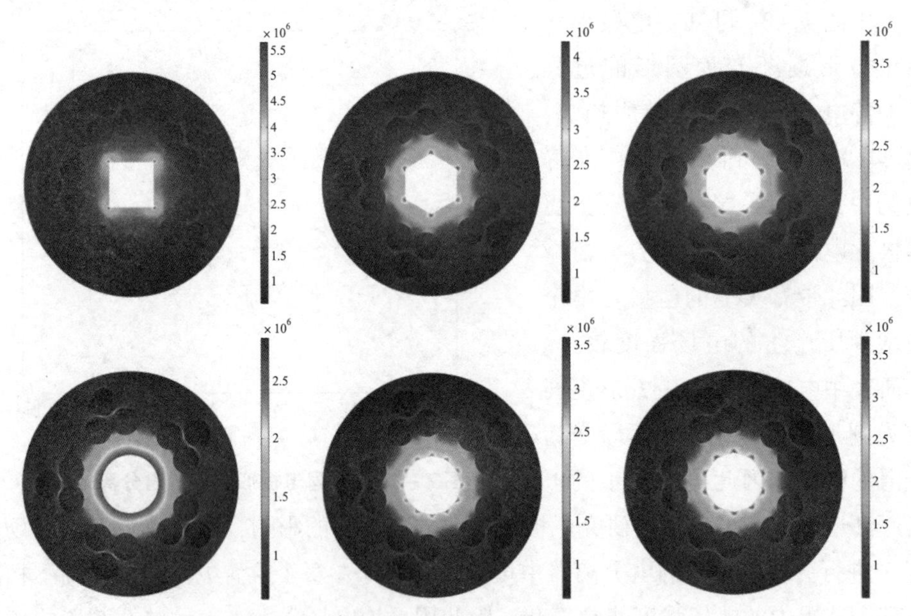

图7－34 *xz*横截面上电场强度示意图(单位：V/m)

图7－34中背景颜色代表电场强度，由图可知，在使用棱柱形电极的模型中，只有电极棱角尖端结构处的电场强度最大，且明显高于电极的其他区域，这就使整个模型的平均电场强度较小，此现象在四棱柱电极电场强度截面图中表现明显。随着电极棱柱的增加，棱角角度也随之增大，即棱角的尖端结构减弱，因此，随着电极棱柱的增加，棱角处的电场强度呈减小的趋势，整个电极的场强更

加均匀，也使模型中电场的平均电场强度增大。当内电极变为圆柱时，电极尖端结构消失，没有尖端场强过大的现象，模型中的平均电场强度比使用棱柱形电极时的平均电场强度大，如图7－33所示。为了更直观地分析结构尖端的电场强度大小，使用探针分析每个电极的棱角处电场强度（圆柱形电极取圆柱表面），即得到每个模型中的最大电场强度，结果如图7－35所示。

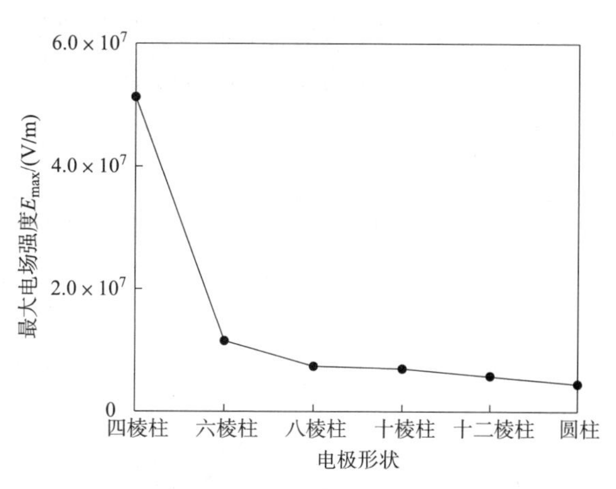

图7－35　不同电极形状下的最大电场强度

由图7－35可得：在内电极由四棱柱变为圆柱的过程中，模型中最大电场强度由5.129×10^7V/m减小到4.465×10^6V/m，与上述分析一致。

综上分析，与棱柱形内电极相比，圆柱形内电极可减少尖端场强过大的现象，从而使装置中的平均电场强度较大，增大颗粒的分离效率，因此在静电分离装置中应优先采用圆柱形内电极。

7.2.6　电极材料对静电分离效率的影响

3.4.1节中研究了电极材料对分离效率的影响，实验结果发现，中心电极为铜电极和铁电极时分离效率差别不大，认为是铜和铁的导电性能都很好，外加电源通过两种电极后，其电势值相近。为了形象地观察两种电极对电场的影响，分别求解了其对应的电势分布，结果如图7－36所示。

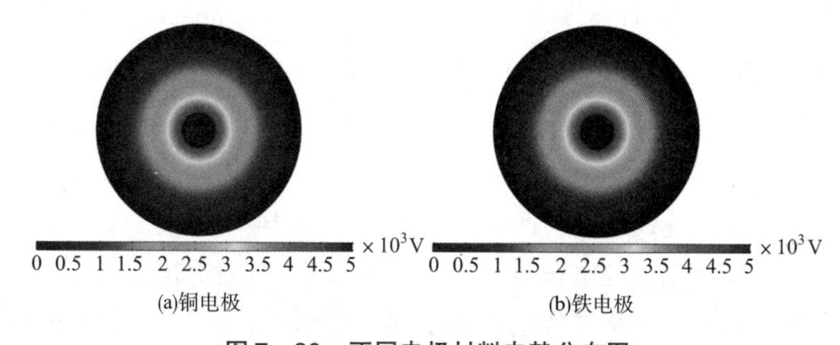

图7－36　不同电极材料电势分布图

由图7－36可知：中心电极分别为铜电极和铁电极时，施加相同电压，静电分离装置内电势分布几乎相同，在其他参数不变的条件下，铜电极和铁电极与铜制薄片在静电分离装置中产生的电场相同，从而对装置内填料和混合液的作用接近。图7－37为两种中心电极材料下，电势值随装置半径方向变化曲线图。从图7－37可以看出：两种材料下，静电分离装置中电势值几乎相同，此外，对于每条电势值曲线，沿着半径方向，其电势值降低，且其减小的速度逐渐减缓。

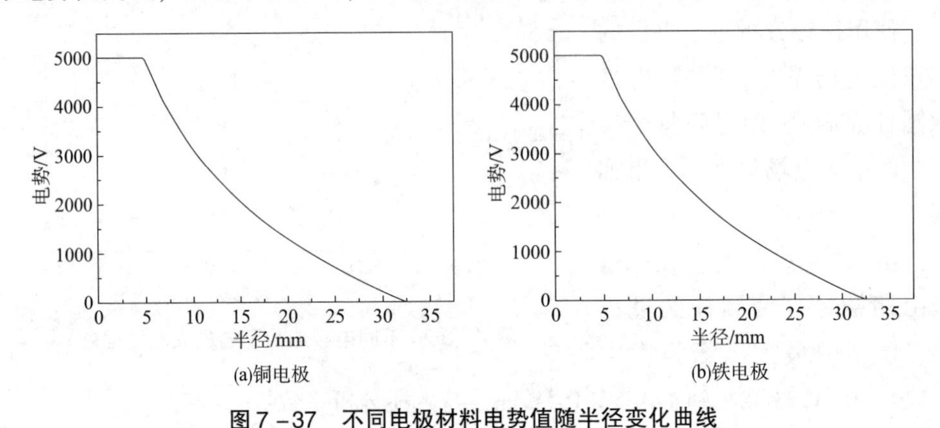

图7－37　不同电极材料电势值随半径变化曲线

7.2.7　填料材质对静电分离的影响

填料对静电分离影响的另一个因素是填料材质，实验和工程中最常用的填料材质是玻璃，因为它材质坚硬、不易磨损，且成本低。通过实验研究得到了氧化锆球分离效率最高，玻璃球分离效率次之，陶瓷球分离效率最低的结果，本节进一步研究填料的介电常数对固体颗粒吸附的影响。在不改变填料大小和外加操作参数条件下，填料相对介电常数的改变只会对静电分离装置(分离单元)内的电场特性产生影响。因此，在外加电压为8000V的条件下，以3.5mm填料直径的分离单元研究三个位置点[三个点分别是：接触点(0.00269，0，0.00154)是两个填料球的接触点；交叉点(0，0，0.00205)是接触点之间连线而形成的交点，作为离吸附接触点最远的位置；远离点(0.006，0，－0.003)是不在分离单元附近位置的点，作为受填料影响最小位置点]处场强、场强梯度及场强平方梯度随着填料相对介电常数变化的情况。图7－38为三个点的电场强度随填料相对介电常数变化的结果，接触点处的电场强度最大，且随填料相对介电常数增大而增强的幅度最大。图7－39为三个点的电场强度梯度随填料相对介电常数变化的结果，当相对介电常数小于10时，交叉点处的电场强度梯度最大，当相对介电常数大于10时，接触点处的电场强度梯度最大，且接触点处的电场强度梯度随填料相

对介电常数增大而增强的幅度最大。图7－40为三个点的电场强度平方梯度随填料相对介电常数变化的结果，接触点处的电场强度平方梯度增大趋势最大，交叉点处次之，而远离点处保持不变。图7－41为在电压8000V、分离时间为40min的条件下得到的三种填料材质的粒子吸附数目对比结果，氧化锆、陶瓷和玻璃的相对介电常数分别为20、7和5，结合图7－40和图7－41可以看出：场强平方梯度随填料材质的变化趋势与吸附粒子数随填料材质的变化趋势相同。

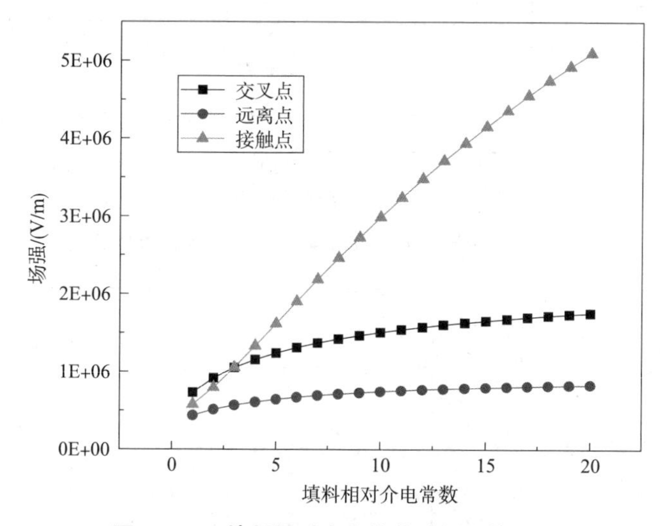

图7－38　填料相对介电常数对场强的影响

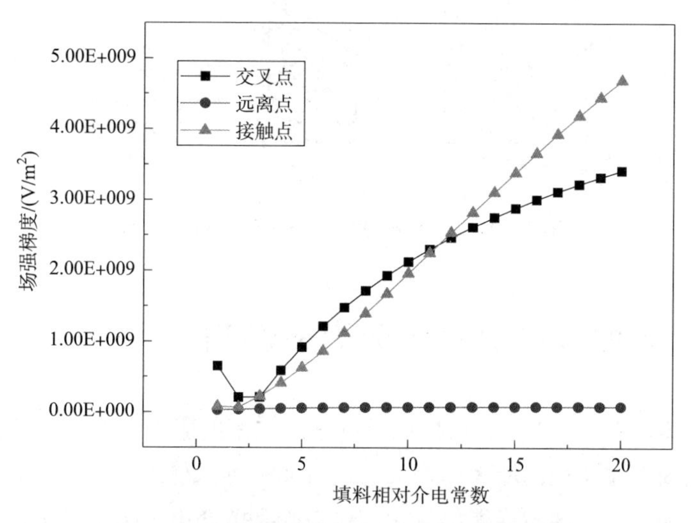

图7－39　填料相对介电常数对场强梯度的影响

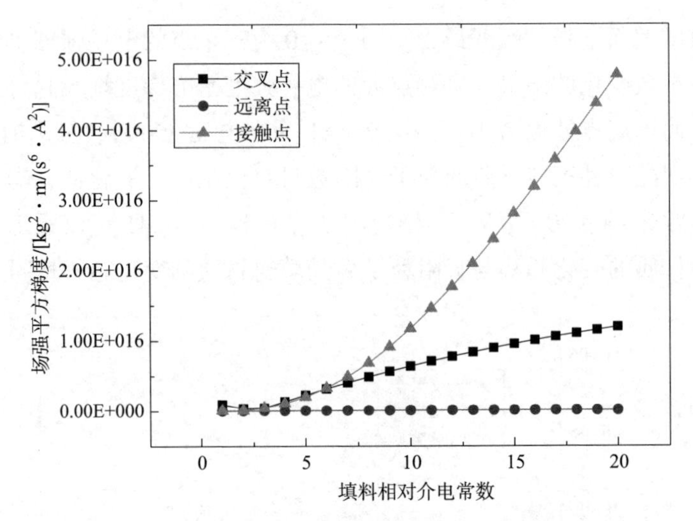

图 7-40　填料相对介电常数对场强平方梯度的影响

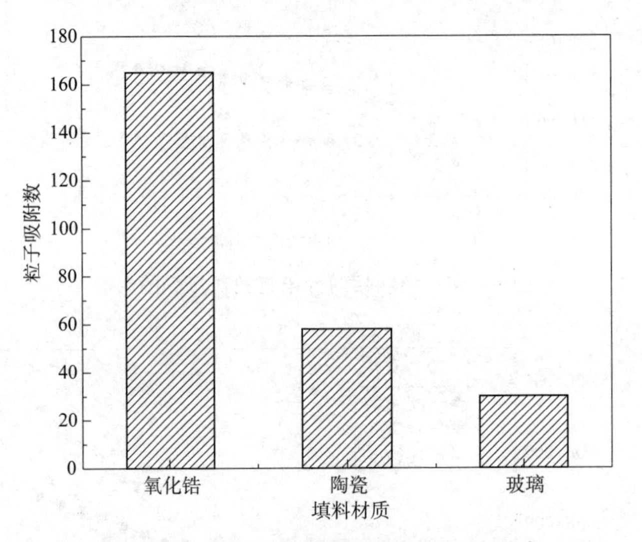

图 7-41　填料材质对粒子吸附数目的影响

7.3　物性参数对静电分离的影响

3.4.2 节中研究了催化剂颗粒粒径对分离效率的影响，实验结果表明分离效率随着催化剂颗粒粒径的增大而增大。通过实验可以得出催化剂粒径对分离效率的影响的宏观规律，却不能得出催化剂颗粒受到的介电泳力、黏滞阻力以及催化剂颗粒的运动速度大小，为此，利用 COMSOL 软件对其进行了仿真计算，结果如图 7-42 ~ 图 7-44 所示。

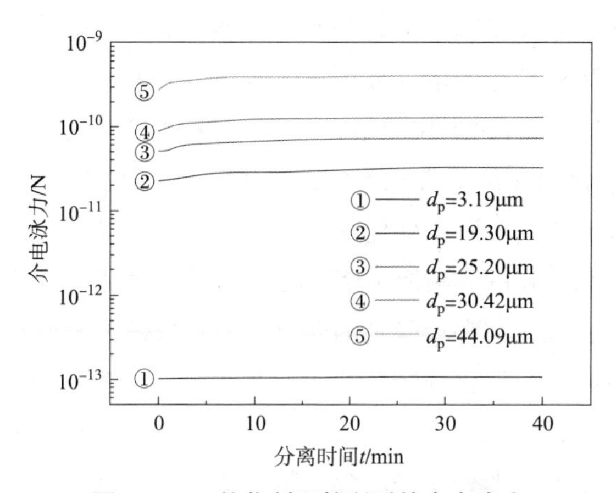

图7-42 催化剂颗粒所受的介电泳力

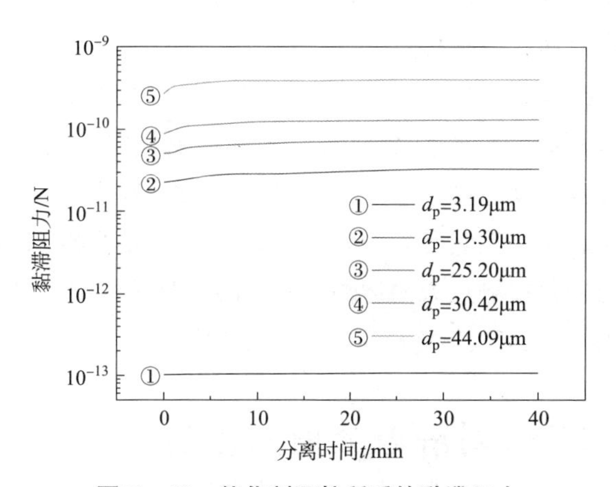

图7-43 催化剂颗粒所受的黏滞阻力

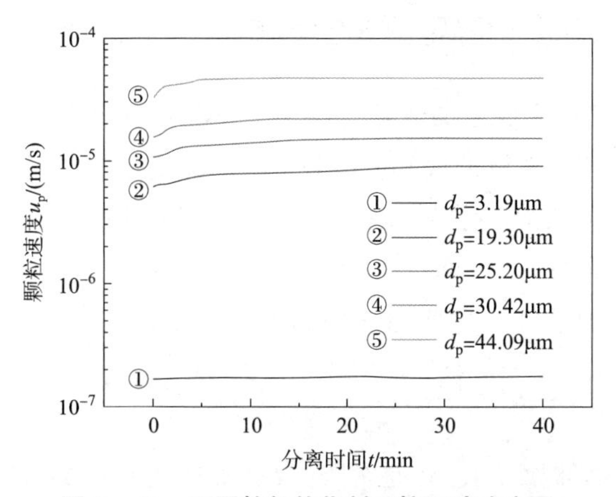

图7-44 不同粒径催化剂颗粒运动速度图

图7－42为静电分离装置中催化剂颗粒受到的平均介电泳力。由图可知：介电泳力随着催化剂颗粒粒径的增大而增大，当催化剂粒径为3.19μm时，其受到的介电泳力为10^{-13}N左右，当粒径增大为19.30μm时，其受到的介电泳力增大了100倍，粒径为44.09μm的催化剂颗粒受到的介电泳力为3×10^{-10}N。

图7－43为静电分离装置中催化剂颗粒受到的平均黏滞阻力。从图中可以看出，导热油对催化剂颗粒的黏滞阻力随催化剂颗粒粒径的增大而增大，且黏滞阻力的大小与每种粒径催化剂颗粒受到的介电泳力在数值上为同一数量级。

图7－44为不同粒径催化剂颗粒的运动速度图。由图可知：颗粒运动速度随催化剂颗粒粒径的增大而增大。介电泳力、黏滞阻力、颗粒速度三者之间相互影响，介电泳力为驱动力，即处于静电分离装置中的催化剂颗粒由于受到介电泳力开始运动，由于颗粒与导热油的相对运动，受到了导热油对其的黏滞阻力，且黏滞阻力的大小与颗粒速度成正比。

对比图7－42～图7－44可知：对于一种粒径催化剂颗粒而言，其在三幅图中位置是一致的，例如，粒径为44.09μm的催化剂颗粒其受到的介电泳力和黏滞阻力最大，并且其运动速度也最大。对比图7－42和图7－43发现，催化剂颗粒受到的黏滞阻力有时会比其受到的介电泳力大，说明催化剂颗粒在做减速度运动，但其依然在向填料接触点方向运动。相同的实验条件下，粒径大的催化剂颗粒受到的介电泳力大，运动速度大，更容易被吸附。

7.4 操作参数对静电分离的影响

7.4.1 加热温度对静电分离的影响

4.4.1小节中已经完成了加热温度对油浆静电分离效率影响的实验研究，并得出了催化裂化油浆的黏温曲线和分离效率随温度变化的曲线。由1.1节中我国的稠油标准得出催化油浆可作为一种稠油体系，稠油的黏度和温度的关系已经有学者进行了研究。朱静等[121]通过实验对来自不同油田的多组稠油黏度进行拟合得到了指数型的黏温曲线，这些曲线均满足Arrhenius公式的形式，Arrhenius公式如式(7－15)所示。

$$\eta_T = Ae^{E_a/RT} \tag{7-15}$$

式中，T是热力学温度，K；A是常数；R是普适气体常数；E_a是活化能，J/mol；η_T是温度为T时对应的稠油黏度。

Peng Luo 等[122]对含不同体积分数沥青质稠油的黏度及活化能 E_a 进行实验检测时，得出了稠油的活化能 E_a 随着沥青质稠油体积分数不断增大而基本保持线性增长，因此，在催化油浆种类不变时，其沥青质的占比也不会发生骤变，活化能 E_a 也是定值。因此对式(7－15)两侧取对数运算得：

$$\ln\eta_T = \frac{E_a}{R}\cdot\frac{1}{T} + \ln a \tag{7-16}$$

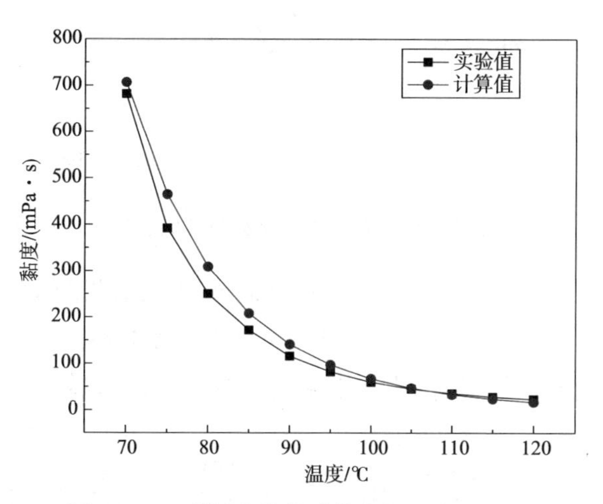

图7－45　黏温曲线的计算值与实验值对比

由式(7－16)可以看出，$\ln\eta_T$ 和 $\frac{1}{T}$ 之间呈线性变化关系，进行线性拟合之后可得出：$\frac{E_a}{R}=10032$，$\ln a = -22.674$，平方差 $R^2=0.9815$。图7－45为实验所测的黏温曲线的实验值和拟合方程计算的计算值对比，可以看出该拟合公式可以表示出催化油浆黏度随着温度升高的变化情况，且随着温度升高，拟合公式的计算值与催化油浆的实际黏度越接近。

由于温度只对催化裂化油浆的黏度产生影响且影响已知，因此，根据黏温曲线直接修改预设参数中的流体动力黏度项“*mu*”来模拟固定温度下的粒子吸附情况。模拟结果如图7－46所示，吸附的颗粒数随着温度升高持续增加。当温度为60～100℃时，吸附颗粒数随温度变化的增长趋势与图4－7中分离效率随温度变化的增长趋势一致；当温度为100～120℃时，二者的变化趋势差别较大。这是因为模拟中可以保证静电分离过程中的催化裂化油浆黏度为固定值，而热模实验中，当加热温度高于100℃时，加热温控系统频繁断开、闭合，无法精确控制油浆黏度不变。

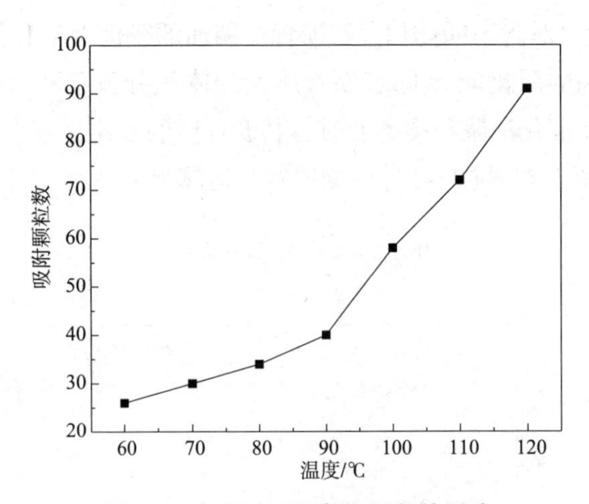

图7－46　温度对颗粒吸附数的影响

将单个颗粒无初速度释放后，其速度随温度变化的结果如图7－47所示。由图可知：颗粒速度的 xz 平面分量与 y 轴分量均随温度升高而呈指数型增大，颗粒速度的 y 轴分量沿 y 轴负方向，且增长趋势和颗粒吸附数随温度升高而增大的趋势一致。固体颗粒受力的 xz 平面分量随温度变化结果如图7－48所示，固体颗粒的介电泳力和曳力的 xz 平面分量相等。当温度在60～100℃时，固体颗粒的曳力和介电泳力的 xz 平面分量随温度升高而持续增大；当温度高于100℃时，两者的 xz 平面分量保持不变。

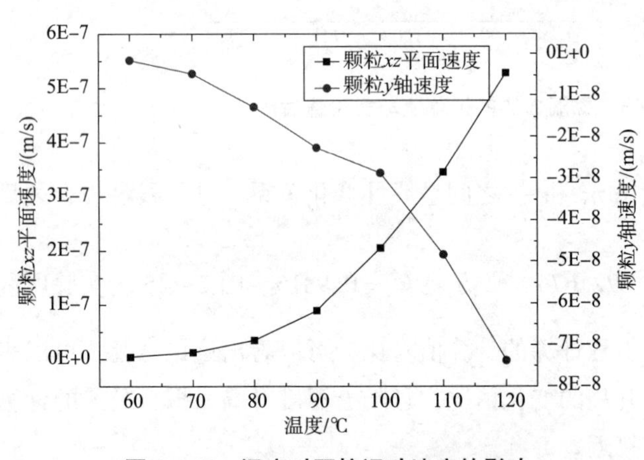

图7－47　温度对颗粒运动速度的影响

由于颗粒的吸附行为是受正向介电泳力作用，向场强增大的方向运动，因此颗粒的介电泳力的 xz 平面分量为先增大后保持不变的状态。因为固体颗粒在 xz 平面只受介电泳力和曳力影响，由式(2－46)可知，曳力和颗粒速度成正比。在初始状态下，初速度为0，没有曳力产生，只在介电泳力的作用下做加速运动，接着曳力产生并逐渐增大；当曳力增大至和介电泳力相同时，固体颗粒做匀速运动，曳力保持不变，介电泳力随颗粒位移而增大，颗粒再由匀速运动转变为加速运动，固体颗粒一直保持着加速－匀速两个过程往复变化的动态过程，最终表现为

固体颗粒的介电泳力和曳力的 xz 平面分量一直相等。

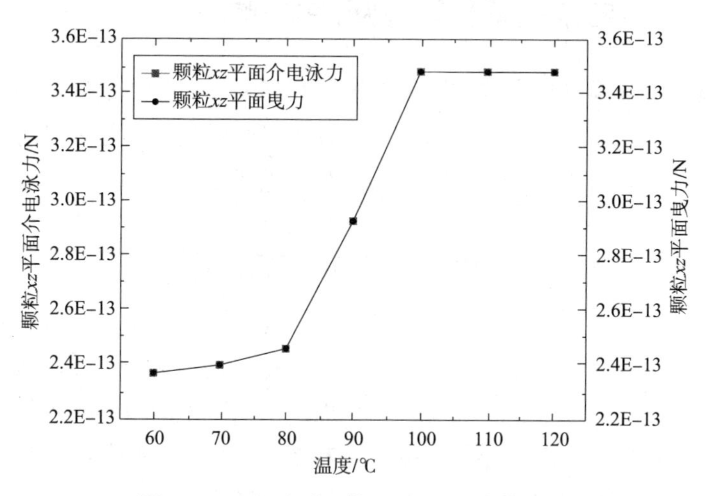

图7－48　温度对颗粒 xz 平面受力的影响

固体颗粒受力的 y 轴分量随温度升高的变化结果如图7－49所示，固体颗粒在 y 轴还会受重力的影响。初始时刻，颗粒在 y 轴方向在重力和介电泳力的共同作用下做沉降运动，随着速度的产生，曳力产生并与重力和介电泳力 y 轴分量的方向相反；当温度超过80℃时，颗粒因运动造成位置变化，颗粒的介电泳力变为 y 轴正向，此时颗粒所受的介电泳力和曳力均变为阻力，随着介电泳力的增大，曳力减小；而温度升高超过100℃时，介电泳力和曳力均保持不变。

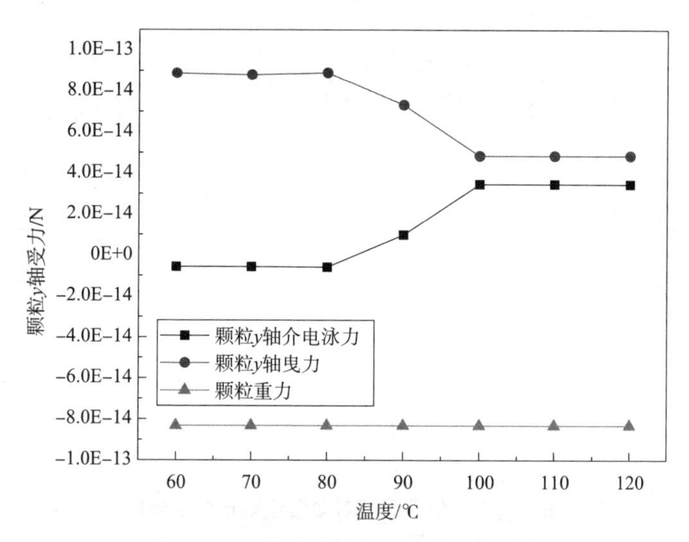

图7－49　温度对颗粒 y 轴受力的影响

7.4.2 分离时间对固体颗粒吸附的影响

在分离时间对静电分离效率影响的实验基础上，本节通过模拟的方式研究了分离时间对颗粒吸附数目的影响及固体颗粒随着时间的变化，模拟结果如图7－50所示。从图中可以看出：吸附的固体颗粒数目随着分离时间的增长而持续增加，在40～50min时间段内，颗粒吸附数目增长变缓，和实验结果相同。而图7－50中前40min内的变化趋势则和图4－8中前40min的变化趋势相差较大，前者的变化更为平缓，这是因为模拟过程中黏度设置为固定数值，不会受加热过程的影响，而在实验中，催化裂化油浆在初始时刻的温度未达到实验设定的温度，在进行静电分离的过程中，逐渐升温达到装置设定温度。

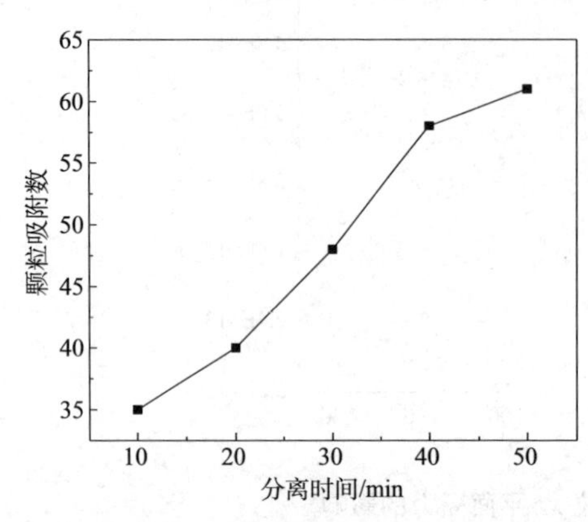

图7－50 分离时间对颗粒吸附数目的影响

将单个颗粒无初速度释放后，其速度随时间变化的结果如图7－51所示。由图可知：随着分离时间的增长，固体颗粒速度的 xz 平面分量逐渐增大之后保持不变，而固体颗粒速度的 y 轴分量逐渐减小之后保持不变，从数值上看颗粒速度的 xz 平面分量是 y 轴分量的近10倍。

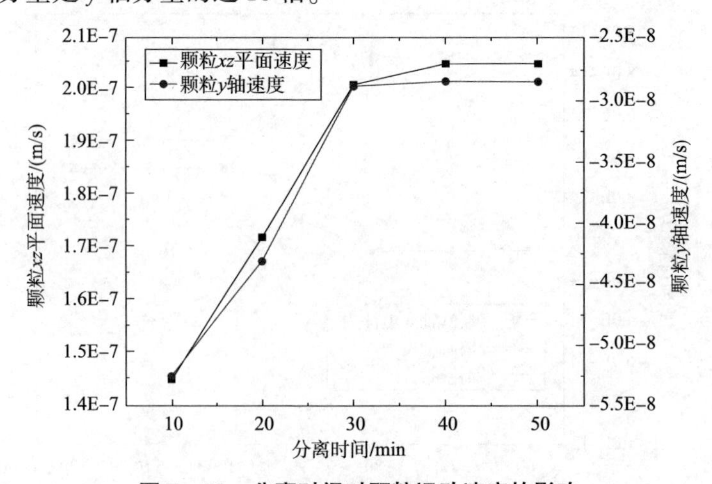

图7－51 分离时间对颗粒运动速度的影响

固体颗粒受力的 xz 平面分量随分离时间增长的变化结果如图7－52所示。当分离时间小于30min时，固体颗粒的介电泳力和曳力的 xz 平面随分离时间增长而

迅速增大；当分离时间超过40min时，两者均保持不变。由图7－51和图7－52可知：在xz平面内，固体颗粒的介电泳力和速度随分离时间增长而变化的趋势相同，这是因为在xz平面内，由固体颗粒的速度计算公式(7－3)可知，速度和$\nabla|E|^2$呈正比，由介电泳力公式(2－43)可知，介电泳力和$\nabla|E|^2$呈正比，因此固体颗粒的速度也和介电泳力呈正比。

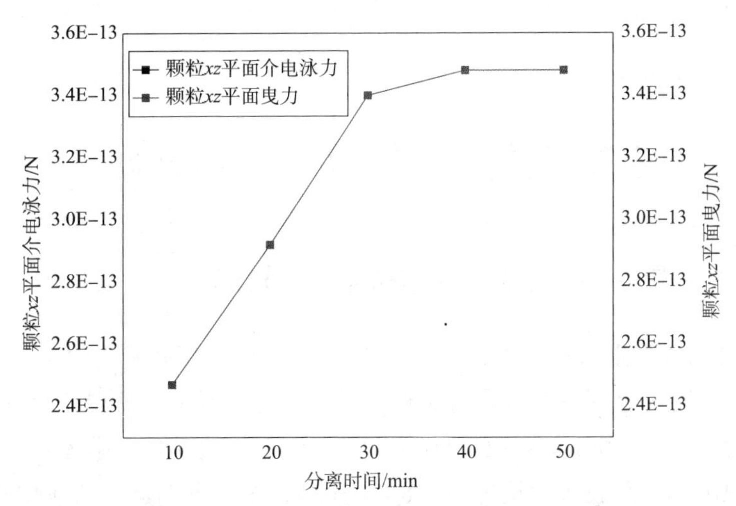

图7－52　分离时间对颗粒xz平面受力的影响

固体颗粒受力的y轴分量随分离时间增长的变化结果如图7－53所示，在y轴方向上，介电泳力随分离时间增长先增大之后保持不变，曳力随分离时间增长先降低之后保持不变。

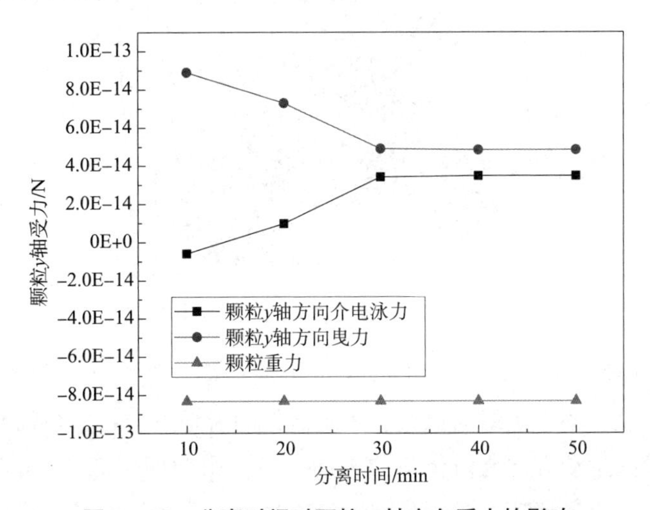

图7－53　分离时间对颗粒y轴方向受力的影响

第8章　动态体系静电分离模拟研究

8.1　重力方向运动流场中颗粒运动分析

8.1.1　重力方向运动流场中颗粒运动轨迹

将流体由模型上入口流入、下出口流出的单向流动流场称为“重力方向运动流场”。运动流场通过在静态流场基础上添加层流模型进行模拟，设置重力方向流场入口速度为0.0001m/s，出口压力设为0Pa，释放378个固体颗粒，模拟运行时间为10min。颗粒运动轨迹如图8-1所示，重力方向运动流场中只有24个颗粒被吸附到玻璃球填料上，大部分颗粒在下出口流出。

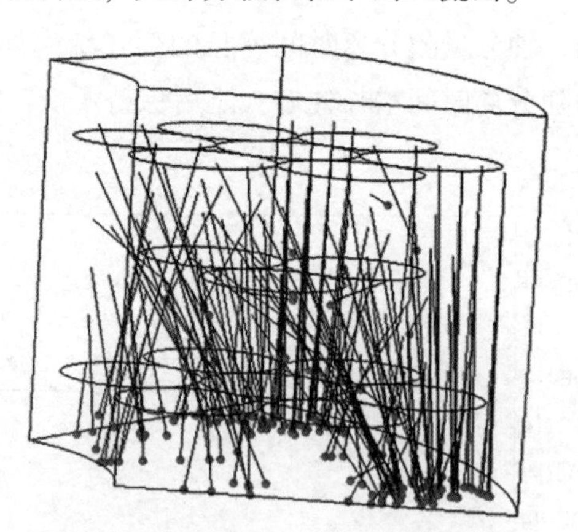

图8-1　重力方向运动流场中颗粒轨迹

取几何模型图5-3中$z=0$处xy平面上的截面如图8-2所示。图中背景颜色表示流体速度；图中黑线为流线，表示流体的流动方向；白色箭头表示颗粒运动方向，颗粒的运动方向与流体流线方向一致。由截面图8-2可知：在重力方向运动流场中，流体流速在模型顶部入口处最高，流体流经紧密堆积的填料的过程中速度呈现减小的趋势，到底部出口处速度最低。由于模型中填料之间也存在间隙，间隙处流速较大，而填料接触点处流速较小，因此大部分催化剂颗粒在流体的带动下通过间隙流出而不能被填料吸附。

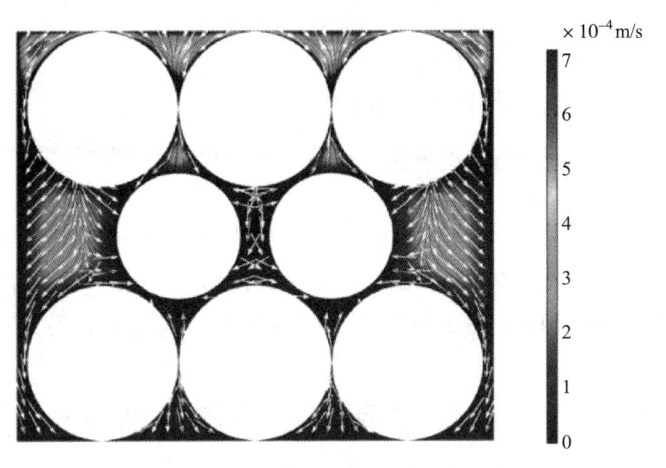

图 8－2　$z=0$ 截面颗粒运动方向示意图

8.1.2　重力方向运动流场中颗粒受力和速度分析

取单个粒子并在(0.0035，0.00245，0.0005)坐标处释放，模拟运行 10min，得到颗粒受力关系如图 8－3 所示。由图可知：颗粒在 2min 后受力不再变化，表示颗粒已被吸附到填料球表面。但由于颗粒所受的曳力比介电泳力大 4 个数量级，比重力大 3 个数量级，曳力造成了大部分催化剂颗粒在运动流体的带动下通过填料间隙而不能被填料有效吸附。

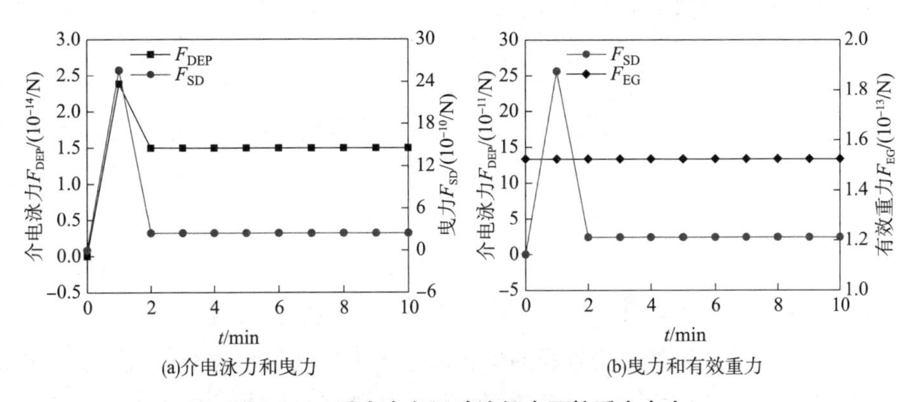

图 8－3　重力方向运动流场中颗粒受力大小

在 x 轴和 z 轴方向上，颗粒受到介电泳力和曳力的作用，而运动流场中流体速度不为0，即 $u_f \neq 0$，因此由式(2－36)和式(2－46)可求得颗粒在 x 轴方向和 z 轴方向上的速度为：

$$u_{pn} = \frac{\varepsilon_f(\varepsilon_p - \varepsilon_f)d_p^2}{12\mu(\varepsilon_p + 2\varepsilon_f)} \cdot \frac{\partial |E|^2}{\partial n} + u_{fn} \tag{8-1}$$

在 y 方向还受到重力作用，颗粒的速度为：

$$u_{py} = \pm \frac{\varepsilon_f(\varepsilon_p - \varepsilon_f)d_p^2}{12\mu(\varepsilon_p + 2\varepsilon_f)} \cdot \frac{\partial |E|^2}{\partial y} - \frac{\rho_f(\rho_p - \rho_f)d_p^2 g}{18\mu\rho_p} - u_{fy} \tag{8-2}$$

通过式(8－1)和式(8－2)，可以求得重力方向运动流场中颗粒在各方向的速度大小，但由于运动流场中流速的不确定性，两式中的 u_{fn} 和 u_{fy} 都不是定常量，因此与静态流场相比，此时颗粒所受介电泳力与速度不成相关性关系。

8.2 逆重力方向运动流场中颗粒运动分析

8.2.1 逆重力方向运动流场中颗粒运动轨迹

将流体由模型下入口流入、上出口流出的单向流动流场称为“逆重力方向运动流场”。与重力方向运动流场相同，设置入口流速为0.0001m/s，出口压力为0Pa，释放378个固体颗粒并模拟运行10min。颗粒运动轨迹如图8－4所示，只有26个颗粒被吸附到玻璃球填料上，大部分颗粒从上出口流出。

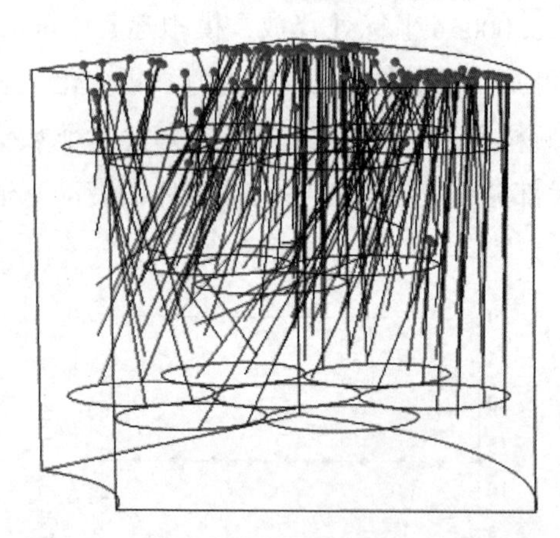

图8－4 逆重力方向运动流场中颗粒轨迹

同样取计算模型中 $z=0$ 处 xy 平面上的截面如图8－5所示。图中背景颜色表示流体速度，图中黑线为流线，表示流体的流动方向，白色箭头表示颗粒运动方向，颗粒的运动方向与流体流线方向一致。分析发现：在逆重力方向运动流场中，装置中的流体流速在底部入口处最高，流体流经紧密堆积的填料的过程中速度呈现减小的趋势，到顶部出口处速度最低。同重力方向运动流场相似，填料球之间空隙内流速大于填料球接触点处流速，致使大部分催化剂颗粒被流体带动从上出口流出。但由于逆重力

方向流场中流体在重力方向自下而上流动，颗粒在 y 轴方向所受的合力 F_{y2} 是流体的曳力与重力之差，而在重力方向运动流场中颗粒在 y 轴方向所受的合力 F_{y1} 是流体的曳力与重力之和，$F_{y1} > F_{y2}$，因此，逆重力方向运动流场中颗粒的吸附率高于重力方向运动流场。

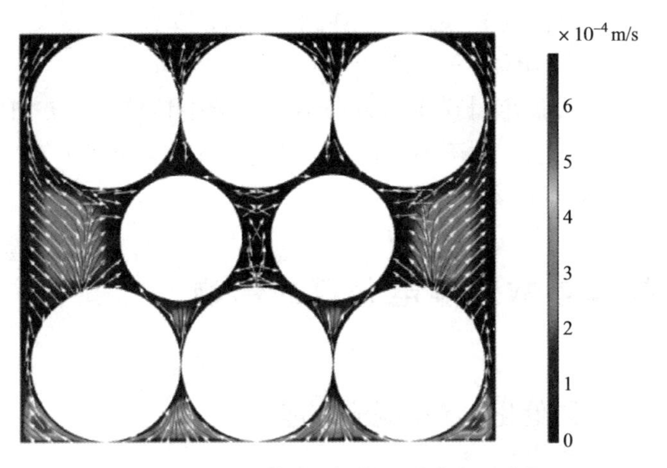

图 8-5　$z=0$ 截面上颗粒运动方向示意图

8.2.2　逆重力方向运动流场中颗粒受力和速度分析

取单个颗粒在(0.0035，0.00245，0.0005)坐标处释放，模拟运行 10min，得到颗粒受力关系如图 8-6 所示。与重力方向运动流场相同，颗粒在 2min 时被吸附到填料球表面。由图 8-6 可知，颗粒所受的曳力比介电泳力大 4 个数量级，比重力大 3 个数量级，同样由于颗粒所受曳力较大使其不容易吸附到填料球表面。

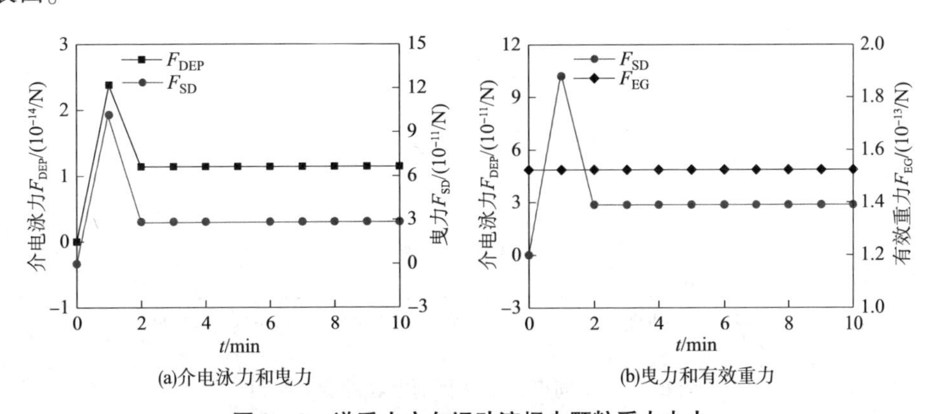

图 8-6　逆重力方向运动流场中颗粒受力大小

在逆重力方向运动流场中，颗粒在 x 轴方向和 z 轴方向上只受介电泳力和曳力作用，因此逆重力方向运动流场中，在 x 轴方向和 z 轴方向上颗粒速度表达式与重力方向运动流场中相同，如式(8－1)所示。在 y 轴方向上，颗粒所受的曳力方向沿 y 轴正向，与重力方向运动流场中相反，因此颗粒速度表达式为：

$$u_{py} = \pm \frac{\varepsilon_f(\varepsilon_p - \varepsilon_f)d_p^2}{12\mu(\varepsilon_p + 2\varepsilon_f)} \cdot \frac{\partial |E|^2}{\partial y} - \frac{\rho_f(\rho_p - \rho_f)d_p^2 g}{18\mu\rho_p} + u_{fy} \tag{8-3}$$

通过式(8－3)可以求得逆重力方向运动流场中颗粒在各方向的速度大小，但由于运动流场中流速 u_{fy} 的不确定性，因此与静态流场相比，此时颗粒所受介电泳力与速度不成相关性关系。

8.3 操作参数对静电分离的影响

8.3.1 电压对催化剂颗粒吸附的影响

在3.6.2小节和6.3.5小节中，分别研究了实验中电压对于静电分离器分离效率的影响以及电压对于有效吸附区域的影响。在本节中，为了研究电压对于催化剂颗粒吸附的具体影响，模拟计算了不同电压下催化剂颗粒吸附数量的变化，填料层数为一层，结果如图8－7所示。

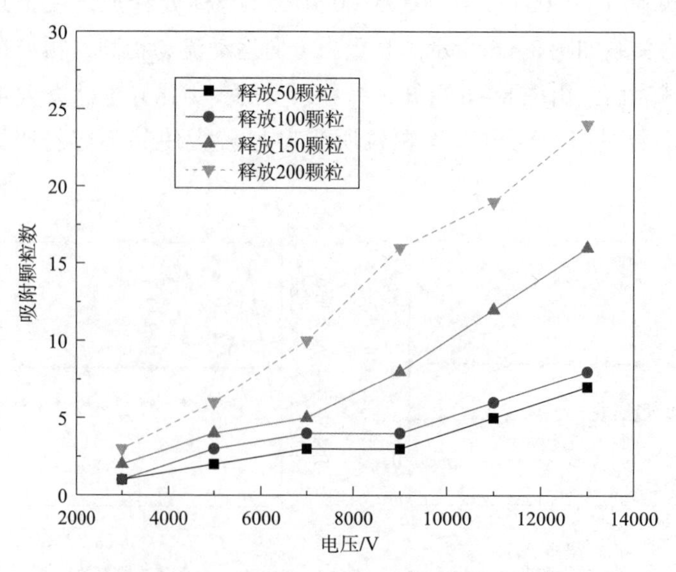

图8－7 不同电压下催化剂颗粒的吸附数目

由图 8－7 可知：催化剂颗粒的吸附数目随着电压的升高而增加，当催化剂颗粒的释放数量增大时，增加的幅度也越大。这是因为当电压升高而流速不变时，根据之前的分析，有效吸附区域会增大，此时催化剂颗粒会有更大的概率运动到有效吸附区域内而被填料捕获。当释放的催化剂颗粒较少时，颗粒运动的随机性更大，因此不能更好地反映电压对催化剂颗粒吸附效果的影响。

8.3.2　填料层数对催化剂颗粒吸附的影响

催化剂颗粒的吸附主要是通过填料接触点附近较大的电场梯度使催化剂颗粒受到更大的介电泳力来实现的。因此，静电分离装置中，填料之间的接触点越多，催化剂颗粒的有效吸附区域占比就越大，就能达到更好的净化效果。在实验中，改变填料量的多少也会影响最终的分离效率。本小节通过改变模型中填料的层数，利用软件计算得到了催化剂颗粒吸附数量的变化规律，结果如图 8－8 所示。

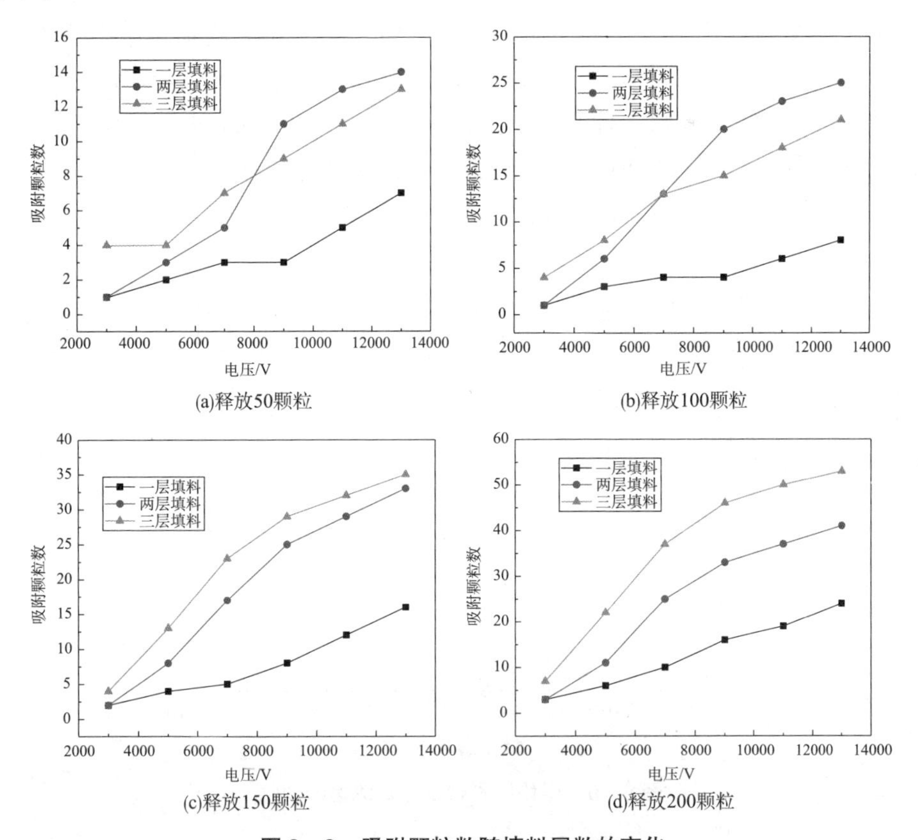

图 8－8　吸附颗粒数随填料层数的变化

由图 8－8 可知，在释放的颗粒数目相同时，随着填料层数的增加，吸附的颗粒数目逐渐增加，但增加的趋势逐渐放缓。通过分析不同层数的填料之间的电场和流场发现：在第一层填料的横截面处，最大电场强度和最小电场强度分别为 5.83×10^{6}V/m 和 5.35×10^{5}V/m；在第二层填料的横截面处，最大电场强度和最小电场强度分别为 5.28×10^{6}V/m 和 5.38×10^{5}V/m；在第三层填料的横截面处，最大电场强度和最小电场强度分别为 5.32×10^{6}V/m 和 5.38×10^{5}V/m。可以发现：随着填料层数的增加，每一层填料的电场强度梯度并不相同，因此随着填料层数的增加，颗粒吸附数目随电压的变化并不是线性变化的。在第二、三层填料处，电场强度的梯度较小，因此催化剂颗粒受到较小的介电泳力，吸附颗粒的数目也较少。

8.3.3 进口流速对催化剂颗粒吸附的影响

进口流速不仅影响催化剂颗粒的受力，同时决定了催化剂颗粒在电场中运动的时间。在实际应用中，流速也同时影响静电分离装置的处理量。在实验过程中发现，增加流速会显著影响催化剂颗粒的分离效率，改变进口流速进行仿真计算。根据实验相关参数，计算出当进口流量分别为 50mL/min、100mL/min、150mL/min 和 200mL/min 时，对应的进口流速分别为 7.37×10^{-5}m/s、1.50×10^{-4}m/s、2.21×10^{-4}m/s 和 2.94×10^{-4}m/s。计算结果如图 8－9 所示。

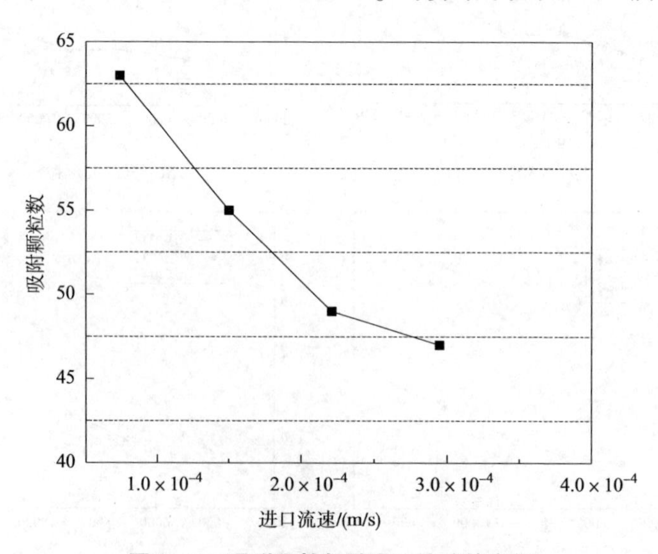

图 8－9 吸附颗粒数随进口流速的变化

与实验结果一致，吸附颗粒数随着进口流速的增大逐渐降低，这是因为催化剂颗粒受到的曳力和压力梯度力增大，使颗粒更不容易运动到有效吸附区域内进而被填料捕获。因此，若要实现催化剂颗粒的高效率吸附，则进口流量不宜过大。若想增大进口流量，提高装置的处理量，可以进行串联处理，以此来提高分离效率。

参考文献

[1]张亮．催化油浆裂解脱固耦合工艺基础研究[D]．中国石油大学(北京)，2019.

[2]唐应彪，崔新安，李春贤，等．流化催化裂化油浆固体颗粒脱除技术研究[J]．石油化工腐蚀与防护，2018，35(06)：5－10.

[3]邱洪卫，任万忠，曾涛．催化裂化油浆液固体系分离技术探讨[J]．山东化工，2015，44(23)：48－51.

[4]赵平，蒋敏，许世龙．催化裂化油浆捕获沉降剂的工业应用[J]．化工进展，2015，34(11)：4103－4107.

[5]张洪莹．催化裂化油浆水洗脱固的研究[D]．华东理工大学，2017.

[6]Wang J Q. Technical measures of removing catalyst powder from FCC slurry oil [J]. Contemporary Chemical Industry，2014，43(8)：617－619.

[7]常泽军，刘熠斌，杨朝合，山红红．催化裂化油浆利用研究进展[J]．炼油技术与工程，2016，46(08)：1－5.

[8]郭燕生，陈丽丽，查庆芳，吴明铂．合成多环缩合芳烃树脂原料的组成分析[J]．石油学报：石油加工，2005(02)：69－74.

[9]侯珍珍．特超稠油的胶体化学性质研究[D]．中国石油大学，2010.

[10]林崧，陈强，朱亚东，盛维武，朱伟，李小婷，魏嘉．催化裂化油浆固液分离新技术开发[J]．炼油技术与工程，2021，51(01)：6－9.

[11]张凯．特超稠油改质降黏技术研究[D]．中国石油大学，2011.

[12]展学成，马好文，王斌，谢元，孙利民，吕龙刚．稠油黏度影响因素研究进展[J]．石油化工，2019，48(02)：222－226.

[13]Mcelhinney M. Method for reducing catalyst fines in slurry oil from a fluidized catalyst cracking process：U. S. Patent Application 13/735，557[P]. 2013－7－11.

[14]周风山，吴瑾光．稠油化学降黏技术研究进展[J]．油田化学，2001(03)：268－272.

[15]雷宇．稠油黏度预测模型研究[D]．西南石油大学，2012.

[16]陈允玺，吴云鹏，闻敬飞．催化裂化油浆捕获沉降剂的工业试验应用[J]．甘肃科技纵横，2016，45(01)：11－13＋58.

[17]唐应彪，崔新安．催化裂化油浆动态静电分离试验研究[J]．炼油技术与工程，2020，50(12)：14－17.

[18]吴洪波，文婕，张连红，等．催化裂化油浆的净化以及综合利用生产高附加值产品[J]．应用化工，2020，49(10)：2618－2624＋2635.

[19]周扬，陈松，杨光，等．利用催化裂化油浆制备碳材料的技术浅析[J]．炭素，2019(01)：38－40.

[20]丁会敏，陈松，王晓栋，等．催化裂化油浆的净化分离技术研究进展[J]．化学工程师，2018，32(11)：60－61＋64.

[21]李瑞，谢伟，姚日远．催化裂化油浆的分离技术进展[J]．化工时刊，2013，27(01)：36－39.

[22]仲理科，孙治谦，任相军，等．催化裂化油浆脱固方法研究进展[J]．石油化工，2017，46(09)：1209－1213.

[23]杨文军．催化裂化油浆分离工艺的研究[D]．西安石油大学，2014.

[24]陈俊杰，李林，张静如．用沉降助剂脱除催化裂化油浆中的催化剂粉末[J]．石油炼制与化工，2005(01)：16－19.

[25]邱洪卫．催化裂化油浆液固体系分离研究[D]．烟台大学，2016.

[26]唐课文，刘磊，古映莹，等．催化裂化油浆的过滤分离研究及利用[J]．现代化工，2007(S1)：340－343.

[27]徐燕平，刘国荣．催化裂化油浆过滤技术的改进及应用[J]．石化技术，2012，19(02)：38－41＋61.

[28]蔡云龙．催化裂化油浆脱固工业侧线试验研究[D]．华东理工大学，2014.

[29]常铮．安庆石化催化油浆分离及利用技术分析[J]．安徽化工，2004(03)：9－10.

[30]谭兴利，王占根．油浆过滤技术在催化裂化装置上的应用[J]．石化技术，2006(01)：16－18.

[31]黄深根，张二学，刘帅．催化裂化油浆膜过滤技术工业应用试验[J]．中外能源，2020，25(11)：80－85.

[32]陈庆岭，王宁．催化裂化油浆膜过滤技术工业应用研究[J]．石油炼制与化工，2020，51(09)：45－49.

[33]卫建军．特种膜脱除催化裂化油浆固体颗粒物技术的工业应用[J]．炼油技术与工程，2020，50(08)：1－4.

[34]张洪林，杨磊．重油催化裂化外甩油浆离心沉降净化研究[J]．石油炼制与化工，1999(04)：7－10.

[35]白志山，钱卓群，毛丹，等．催化外甩油浆的微旋流分离实验研究[J]．石油学报：石油加工，2008(01)：101－105.

[36]戴宝华，胡江青，汪华林，等．一种催化裂化装置外甩油浆净化处理方法及其专用装置[P]．北京：CN1667092，2005－09－14.

[37]魏忠勋，赵波，郭爱军，等．静电法净化催化裂化油浆的研究进展[J]．炼油技术与工程，2013，43(03)：14－17.

[38]Pohl H A. Dielectrophoresis：the behavior of neutral matter in nonuniform electric fields[M]. Cambridge University Pr，1978.

[39]Kim D，Sonker M，Ros A. Dielectrophoresis：From molecular to micrometer－scale analytes[J].

Analytical chemistry, 2018, 91(1): 277 -295.

[40] Li M, Li W H, Zhang J, et al. A review of microfabrication techniques and dielectrophoretic microdevices for particle manipulation and separation[J]. Journal of Physics D: Applied Physics, 2014, 47(6): 63001 -63029(29).

[41] Grilli S, Ferraro P. Dielectrophoretic trapping of suspended particles by selective pyroelectric effect in lithium niobate crystals[J]. Applied Physics Letters, 2008, 92(23): 232902.

[42] Pethig R. Review article - dielectrophoresis: status of the theory, technology, and applications. [J]. Biomicrofluidics, 2010, 4(3): 39901.

[43] Gencoglu A, Minerick A. Chemical and morphological changes on platinum microelectrode surfaces in AC and DC fields with biological buffer solutions[J]. Lab on a Chip, 2009, 9(13): 1866.

[44] Sandra Ozuna - Chacón, Lapizco - Encinas B H, Rito - Palomares M, et al. Performance characterization of an insulator - based dielectrophoretic microdevice[J]. Electrophoresis, 2008, 29(15): 3115 -3122.

[45] Masuda S, Washizu M, Nanba T. Novel method of cell fusion in field constriction area in fluid integrated circuit[J]. IEEE Transactions on Industry Applications, 1989, 25(4): 732 -737.

[46] Cummings E B, Singh A K. Dielectrophoresis in microchips containing arrays of insulating posts: Theoretical and experimental results[J]. Analytical Chemistry, 2003, 75(18): 4724 -4731.

[47] Lapizco - Encinas B H, Simmons B A, Cummings E B, et al. Dielectrophoretic concentration and separation of live and dead bacteria in an array of insulators[J]. Analytical Chemistry, 2004, 76(6): 1571 -1579.

[48] Baylon - Cardiel J L, Lapizco - Encinas B H, Reyes - Betanzo C, et al. Prediction of trapping zones in an insulator - based dielectrophoretic device[J]. Lab on a Chip, 2009, 9(20): 2896 -2901.

[49] Chou C F, Zenhausern F. Electrodeless dielectrophoresis for micro total analysis systems[J]. Engineering in Medicine & Biology Magazine IEEE, 2003, 22(6): 62 -67.

[50] Chou C F, Tegenfeldt J O, Bakajin O, et al. Electrodeless dielectrophoresis of single - and double - stranded DNA[J]. Biophysical Journal, 2002, 83(4): 2170 -2179.

[51] Kang K H, Xuan X, Kang Y, et al. Effects of dc - dielectrophoretic force on particle trajectories in microchannels[J]. Journal of Applied Physics, 2006, 99(6): 810.

[52] Lewpiriyawong N, Yang C, Lam Y C. Dielectrophoretic manipulation of particles in a modified microfluidic H filter with multi - insulating blocks[J]. Biomicrofluidics, 2008, 2(3): 381.

[53] Zhang C, Khoshmanesh K, Mitchell A, et al. Dielectrophoresis for manipulation of micro/nano particles in microfluidic systems[J]. Analytical and Bioanalytical Chemistry, 2010, 396(1): 401 -420.

[54] Martinez - Duarte R. Microfabrication technologies in dielectrophoresis applications—A review [J]. Electrophoresis, 2012, 33(21): 3110 - 3132.

[55] Suehiro J, Zhou G, Hara M. Fabrication of a carbon nanotube - based gas sensor using dielectrophoresis and its application for ammonia detection by impedance spectroscopy[J]. Journal of Physics D: Applied Physics, 2003, 36(21): L109.

[56] Lee J W, Moon K J, Ham M H, et al. Dielectrophoretic assembly of GaN nanowires for UV sensor applications[J]. Solid State Communications, 2008, 148(5 - 6): 194 - 198.

[57] Suehiro J, Imakiire H, Hidaka S, et al. Schottky - type response of carbon nanotube NO_2 gas sensor fabricated onto aluminum electrodes by dielectrophoresis[J]. Sensors and Actuators B: Chemical, 2006, 114(2): 943 - 949.

[58] Asbury C L, Diercks A H, van den Engh G. Trapping of DNA by dielectrophoresis[J]. Electrophoresis, 2002, 23(16): 2658 - 2666.

[59] Liu W J, Zhang J, Wan L J, et al. Dielectrophoretic manipulation of nano - materials and its application to micro/nano - sensors[J]. Sensors and Actuators B: Chemical, 2008, 133(2): 664 - 670.

[60] Hölzel R, Calander N, Chiragwandi Z, et al. Trapping single molecules by dielectrophoresis [J]. Physical Review Letters, 2005, 95(12): 128102.

[61] Lee S Y, Kim T H, Suh D I, et al. A study of dielectrophoretically aligned gallium nitride nanowires in metal electrodes and their electrical properties[J]. Chemical Physics Letters, 2006, 427(1 - 3): 107 - 112.

[62] Dan Y, Cao Y, Mallouk T E, et al. Dielectrophoretically assembled polymer nanowires for gas sensing[J]. Sensors and Actuators B: Chemical, 2007, 125(1): 55 - 59.

[63] Lee J H, Kim J, Seo H W, et al. Bias modulated highly sensitive NO_2 gas detection using carbon nanotubes[J]. Sensors and Actuators B: Chemical, 2008, 129(2): 628 - 631.

[64] Asokan S B, Jawerth L, Carroll R L, et al. Two - dimensional manipulation and orientation of actin - myosin systems with dielectrophoresis[J]. Nano Letters, 2003, 3(4): 431 - 437.

[65] Hawkins B G, Kirby B J. Electrothermal flow effects in insulating (electrodeless) dielectrophoresis systems[J]. Electrophoresis, 2010, 31(22): 3622 - 3633.

[66] Lapizco - Encinas B H. On the recent developments of insulator - based dielectrophoresis: A review[J]. Electrophoresis, 2019, 40(3): 358 - 375.

[67] Adekanmbi E O, Srivastava S K. Dielectrophoretic applications for disease diagnostics using lab - on - a - chip platforms[J]. Lab on a Chip, 2016, 16(12): 2148 - 2167.

[68] Regtmeier J, Eichhorn R, Viefhues M, et al. Electrodeless dielectrophoresis for bioanalysis: Theory, devices and applications[J]. Electrophoresis, 2011, 32(17): 2253 - 2273.

[69] Cummings E B, Singh A K. Dielectrophoretic trapping without embedded electrodes[C]. Mi-

crofluidic Devices and Systems III. International Society for Optics and Photonics，2000，4177：151－160.

［70］Cummings E. A comparison of theoretical and experimental electrokinetic and dielectrophoretic flow fields［C］. 32nd AIAA Fluid Dynamics Conference and Exhibit. 2002：3193.

［71］Cummings E B. Streaming dielectrophoresis for continuous－flow microfluidic devices［J］. IEEE Engineering in Medicine and Biology Magazine，2003，22(6)：75－84.

［72］Abdallah B G，Chao T C，Kupitz C，et al. Dielectrophoretic sorting of membrane protein nanocrystals［J］. ACS nano，2013，7(10)：9129－9137.

［73］Abdallah B G，Roy－Chowdhury S，Coe J，et al. High throughput protein nanocrystal fractionation in a microfluidic sorter［J］. Analytical Chemistry，2015，87(8)：4159－4167.

［74］Shafiee H，Caldwell J L，Sano M B，et al. Contactless dielectrophoresis：a new technique for cell manipulation［J］. Biomedical Microdevices，2009，11(5)：997－1006.

［75］Salmanzadeh A，Shafiee H，Davalos R V，et al. Microfluidic mixing using contactless dielectrophoresis［J］. Electrophoresis，2011，32(18)：2569－2578.

［76］Fritsche R G，Bujas V R S，Caprioglio G C. Electrostatic separator using a bead bed：US，US5308586［P］. 1994－05－03.

［77］Sman J H，Fritsche R G，Hamel F B，et al. Radial flow electrostatic filter：US，US 4059498 A［P］. 1977－11－22.

［78］Watson F D，Mayse W D，Franse A D. Radial flow electrofilter：U. S. Patent 4372837［P］. 1983－02－08.

［79］成树晓．催化裂化油浆分离工艺研究［D］．中国石油大学(华东)，2014.

［80］方云进，肖文德，王光润．液固体系的静电分离研究：Ⅲ．热模试验［J］．石油化工，1999，28(5)：312－316.

［81］Kelly E G，Spottiswood D J. The theory of electrostatic separations：A review part I. fundamentals［J］. Minerals Engineering，1989，2(1)：33－46.

［82］孙晓霞．静电分离重催油浆与蜡油油浆的差别及原因探讨［J］．金陵石油化工，1997，015(004)：15－18.

［83］魏忠勋．催化油浆和煤焦油中固含物脱除及高附加值利用研究［D］．中国石油大学(华东)，2015.

［84］G. P. Ham. Process of Purifying Hydrocarbon［M］. Google Patents. 1950.

［85］G. Ray Fritsche，Bradford Woods，Leonard W. Haniak，et al. Marshall dann. US3928158［P］. 1975.

［86］方云进，王光润．液固体系的静电分离研究：I．冷模试验［J］．石油化工，1998(6)：419－424.

［87］Martin R B. Media regeneration in electrofiltration. US4221648［P］. 1980.

［88］Cao Q，Xie X，Li J，et al. A novel method for removing quinoline insolubles and ash in coal tar pitch using electrostatic fields[J]. Fuel, 2011, 90(7): 314 - 318.

[89]Lin I J, Benguigui L. Dielectrophoretic filtration and separation: General outlook[J]. Separation and Purification Methods, 1981, 10(1): 53 - 72.

[90]Li Q, Zhang Z, Wu Z, et al. Effects of electrostatic field and operating parameters on removing catalytic particles from FCCS[J]. Powder Technology, 2019, 342: 817 - 828.

[91]Li Q, Wu Z, Zhang Z, et al. Experimental study on the removal of FCCS catalyst particles by electrostatic separation[J]. Energy Sources, Part A: Recovery, Utilization, and Environmental Effects, 2019(9): 1 - 13.

[92]赵娜. 静电分离催化裂化油浆中固体颗粒的研究[D]. 中国石油大学(华东), 2016.

[93]孙晓霞, 朱宝明. 优化分离器结构提高静电分离重催油浆的效率[J]. 南炼科技, 1999(6): 19 - 21.

[94]郭爱军, 龚黎明, 赵娜, 等. 添加剂改性对催化裂化油浆静电分离的影响[J]. 化工进展, 2017, 36(9): 3266 - 3272.

[95]Bose P R. Electrofiltration with bi - directional potential pretreatment. US4139441[P]. 1999.

[96]江涛. 基于 MEMS 技术的直流电渗流微泵的研究[D]. 哈尔滨工业大学, 2006.

[97]熊文强. 聚合物基非线性复合电介质极化和退极化特性的实验研究[D]. 哈尔滨理工大学, 011.

[98]Morgan H, Green N G. AC electrokinetics: Colloids and nanoparticles[M]. Research Studies Press, 2003.

[99]Morgan H, Izquierdo A G, Bakewell D, et al. The dielectrophoretic and travelling wave forces generated by interdigitated electrode arrays: Analytical solution using Fourier series[J]. Journal of Physics D: Applied Physics, 2001, 4(10): 1553.

[100]张洋. 物细胞介电电泳运动控制机理及细胞排列生物芯片的研究[D]. 中北大学, 2015.

[101]Kadaksham J, Singh P, Aubry N. Dynamics of electrorheological suspensions subjected to spatially nonuniform electric fields[J]. Journal of Fluids Engineering, 2004, 126(2): 170 - 179.

[102]Morgan H, Green N G, Hughes M P, et al. Large - area travelling - wave dielectrophoresis particle separator[J]. Journal of Micromechanics & Microengineering, 1999(2): 65.

[103]Dimaki M, Peter Bøggild. Dielectrophoresis of carbon nanotubes using microelectrodes: A numerical study[J]. Nanotechnology, 2004, 15(8): 1095.

[104]Morgan H, Green N G. Dielectrophoretic manipulation of rod - shaped viral particles[J]. Journal of Electrostatics, 1997, 42(3): 279 - 293.

[105]Hinsberg M A T V, Boonkkamp J H M T T, Clercx H J H. An efficient, second order method for the approximation of the Basset history force[J]. Journal of Computational Physics, 2011, 230(4): 1465 - 1478.

[106]Saffman P G. The lift on a small sphere in a slow shear flow[J]. Journal of Fluid Mechanics,

1965，22(2)：385 -400.

[107] Lee S，Wilczak J M. The effects of shear flow on the unsteady wakes behind a sphere at moderate Reynolds numbers[J]. Fluid Dynamics Research，2000，27(1)：1 -22.

[108] Dandy D S，Dwyer H A. A sphere in shear flow at finite Reynolds number：Effect of shear on particle lift，drag，and heat transfer[J]. Journal of Fluid Mechanics，2006，216(216)：381 -410.

[109] 赵娜，于传瑞，赵波，等．静电分离催化裂化油浆中固体颗粒及其组成的研究[J]．石油化工，2015，44(10)：1218 -1223.

[110] Hollowing D G. 玻璃的性质[J]．北京：轻工业出版社，1985.

[111] 武志俊．催化裂化油浆静电脱固冷模实验研究[D]．中国石油大学(华东)，2019.

[112] 汪双清，沈斌，林壬子．稠油黏度与化学组成的关系[J]．石油学报：石油加工，2010，26(05)：795 -799.

[113] 赵瑞玉，展学成，张超，李灿，杨朝合，赵瑜生，赵元生．特超稠油黏度的影响因素研究[J]．油田化学，2016，33(02)：319 -324.

[114] 刘必心，龙军．沥青质对塔河稠油黏度的影响机理研究[J]．中国科学：化学，2018，48(04)：434 -441.

[115] Dong K J，Yang R Y，Zou R P，et al. Critical states and phase diagram in the packing of uniform spheres[J]. Epl，2009，86(4)：46003.

[116] 陈光静．等径球形颗粒制堆积的离散单元法模拟与分析[D]．北京化工大学，2014.

[117] 周扩建．用信号流图法讨论电介质极化与电场的相互作用[J]．大学物理，1995，14(5)：28 -29.

[118] 刘金祥，国君杰．用电介质极化理论分析粒子的场荷电问题[J]．热能动力工程，1999，14(3)：179 -181.

[119] Grosu F P，Bologa M K. Electroconvective rotation of a dielectric liquid in external electric fields[J]. Surface Engineering & Applied Electrochemistry，2010，46(1)：43 -47.

[120] Kikuchi H. EHD and EMHD transport processes in a neutral or charged one - component fluid：single fluid model [1，2][M]//Electrohydrodynamics in Dusty and Dirty Plasmas. Springer Netherlands，2001.

[121] 朱静，李传宪，辛培刚．稠油黏温特性及流变特性分析[J]．石油化工高等学校学报，2011，24(02)：66 -68 +72.

[122] Peng Luo，Gu Y. Effects of asphaltene content on the heavy oil viscosity at different temperatures[J]. Fuel，2007.